essentials

essentials liefern aktuelles Wissen in konzentrierter Form. Die Essenz dessen, worauf es als „State-of-the-Art" in der gegenwärtigen Fachdiskussion oder in der Praxis ankommt. *essentials* informieren schnell, unkompliziert und verständlich

- als Einführung in ein aktuelles Thema aus Ihrem Fachgebiet
- als Einstieg in ein für Sie noch unbekanntes Themenfeld
- als Einblick, um zum Thema mitreden zu können

Die Bücher in elektronischer und gedruckter Form bringen das Expertenwissen von Springer-Fachautoren kompakt zur Darstellung. Sie sind besonders für die Nutzung als eBook auf Tablet-PCs, eBook-Readern und Smartphones geeignet. *essentials:* Wissensbausteine aus den Wirtschafts-, Sozial- und Geisteswissenschaften, aus Technik und Naturwissenschaften sowie aus Medizin, Psychologie und Gesundheitsberufen. Von renommierten Autoren aller Springer-Verlagsmarken.

Weitere Bände in der Reihe http://www.springer.com/series/13088

Bernd Sonne

Spezielle Relativitätstheorie für jedermann

Ohne höhere Mathematik: Grundlagen und Anwendungen verständlich formuliert

2., überarbeitete und erweiterte Auflage

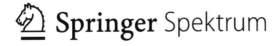 Springer Spektrum

Bernd Sonne
Hamburg, Deutschland

ISSN 2197-6708   ISSN 2197-6716   (electronic)
essentials
ISBN 978-3-658-28548-7   ISBN 978-3-658-28549-4   (eBook)
https://doi.org/10.1007/978-3-658-28549-4

Die Deutsche Nationalbibliothek verzeichnet diese Publikation in der Deutschen Nationalbibliografie; detaillierte bibliografische Daten sind im Internet über http://dnb.d-nb.de abrufbar.

Springer Spektrum

Springer Spektrum ist ein Imprint der eingetragenen Gesellschaft Springer Fachmedien Wiesbaden GmbH und ist ein Teil von Springer Nature.
Die Anschrift der Gesellschaft ist: Abraham-Lincoln-Str. 46, 65189 Wiesbaden, Germany

Was Sie in diesem *essential* finden können

- Sie werden überrascht sein und kennenlernen, was es mit Raum und Zeit auf sich hat und dass beides im physikalischen Sinn miteinander verbunden ist.
- Man sagt oft, alles sei *relativ*. Sie werden lesen, dass dies in der Physik nur teilweise richtig ist.
- Messungen von Uhrzeiten und Maßstäben hängen davon ab, wie schnell sie sich bewegen. Sie sind relativ.
- Sie werden zwei Zeitbegriffe, Eigenzeit und Koordinatenzeit, finden und unterscheiden lernen.
- Auch Sie werden feststellen, dass die Lichtgeschwindigkeit eine besondere Eigenschaft hat: Sie ist immer und überall gleich groß, d. h., sie ist eine *absolute* Größe.
- Einsteins Spezielle Relativitätstheorie beruht auf nur zwei ganz einfachen Prinzipien.
- Sie werden entdecken, was sich hinter der berühmten Gleichung $E = mc^2$ verbirgt. Sie wird im Anhang mit einfachen Mitteln hergeleitet.
- Viele Beispiele aus der Praxis und einige Paradoxa sollen Ihnen zeigen, wozu die Theorie gut ist. So z. B. für Ihr GPS.
- Sie werden eine Antwort darauf finden, ob es Zeitreisen gibt oder nicht.

Vorwort zur zweiten Auflage

In dieser zweiten Auflage wurden einige Kapitel überarbeitet bzw. gekürzt sowie neue Themen hinzugefügt: Aberration, Erzeugung von Röntgenstrahlung, Definition des Meters (SI-Einheit) und im Anhang wie man $E = mc^2$ herleiten kann. Aus Platzgründen wurde darauf verzichtet, wie Einstein die Lorentz-Transformation entwickelt hat. Hierzu sei auf die erste Auflage verwiesen. Alle Bilder sind sehr vereinfacht dargestellt. Sie sollen nur das Wesentliche des Sachverhaltes zeigen.

Wie auch in der ersten Auflage werden beim Leser sicher viele Fragen auftauchen, die in diesem *essential* nicht erschöpfend beantwortet werden können. Dazu ist das Thema zu umfangreich. Weiterführende Literatur (Auswahl) ist am Ende des Buches angegeben.

Viele Ergebnisse lassen sich mit Mathematik und Physik der Oberstufe berechnen. Für eine Vertiefung der meisten Themen sind aber gute Kenntnisse in Elektrodynamik, Differenzialgeometrie und Rechnung mit Tensoren erforderlich.

Der Autor ist für Anregungen und Hinweise dankbar, die gerne dem Verlag gemeldet werden können.

Für die wissenschaftliche und redaktionelle Betreuung danke ich Frau Maly, Frau Villnow und Frau Parthasarathy.

Im September 2019   Bernd Sonne

Vorwort zur ersten Auflage

Dieses Buch handelt von Einsteins Relativitätstheorie, hier über seine Spezielle Relativitätstheorie (SRT). Über dieses Thema gibt es natürlich schon viele Bücher; Lehrbücher, Sachbücher und auch viele, die für die Allgemeinheit bestimmt und mehr im Erzählstil gehalten sind. Bei dem hier vorliegenden Buch handelt es sich um ein *essential* zu diesem Thema, wie der Verlag seine neue Buchreihe bezeichnet hat. *Essentials* sind ebenfalls für einen großen Leserkreis bestimmt, wobei in übersichtlicher und nicht zu umfangreicher Form das Wesentliche einer Theorie oder eines Sachverhaltes dargestellt wird: ohne Mathematik, abgesehen von wenigen Ergebnisformeln. Natürlich erhebt dieses *essential* keinen Anspruch auf Vollständigkeit. Es werden sicher viele Fragen auftauchen, die nicht alle beantwortet werden. Dazu wäre aber ein tieferes Einsteigen in die SRT notwendig.

Deshalb richtet sich dieses *essential* nicht so sehr an Fachleute und Spezialisten als vielmehr an alle, die schon mal etwas über die SRT gehört haben: Schüler, Studenten, Ingenieure und interessierte Laien, die gerne wissen wollen, wie es zu der Theorie kam und worum es eigentlich dabei geht.

Die SRT wurde 1905 von Einstein veröffentlicht und ist seitdem nicht mehr aus Forschung und Wissenschaft, ja sogar aus dem heutigen Alltag wegzudenken. Die Grundlagen der SRT, die Ergebnisse von Experimenten und Anwendungen werden ausführlich und nachvollziehbar anhand von Abbildungen erklärt.

Wie bin ich zu Einsteins Relativitätstheorien gekommen? Schon als Schüler hatte mich Einsteins Wirken interessiert, weshalb ich mir Bücher von und über ihn besorgt hatte. Insbesondere hatte mich das Zwillingsparadoxon fasziniert, das man sogar mit Schulmathematik verstehen kann. Später hatte ich in meinem Physikstudium in Hamburg das Glück, bei zwei sehr renommierten Wissenschaftlern, Pascal Jordan und Wolfgang Kundt, Vorlesungen über die SRT und ART zu hören.

Während meines Berufslebens hatte ich jedoch kaum etwas damit zu tun. Erst viele Jahre später kam ich darauf zurück und machte die Relativitätstheorie zu meinem Hobby, das schließlich zusammen mit einem Co-Autor zu einem Sachbuch führte: Einsteins Theorien – Spezielle und Allgemeine Relativitätstheorie für interessierte Einsteiger und zur Wiederholung – von Bernd Sonne und Reinhard Weiß. Das Buch ist ebenfalls bei Springer Spektrum erschienen[1]. Es enthält viele ausführliche Rechnungen und Erläuterungen, die man auch nachvollziehen kann. Es behandelt auch sehr viele Themen dieses *essential* und kann deshalb bei Bedarf zu Rate gezogen werden.

Für die kritische Durchsicht des Manuskriptes sowie für Hinweise auf Kürzungen oder Ergänzungen danke ich sehr Herrn Reinhard Weiß.

Ich danke dem Verlag Springer-Spektrum, dass er mir die Gelegenheit gegeben hat, dieses *essential* zu schreiben, sowie Frau Maly für die inhaltliche, Frau Villnow und Frau Sanas für die redaktionelle Betreuung.

Einige Abbildungen enthalten Cliparts der Firma Microsoft, deren Verwendung mir bereits für mein vorheriges Buch freundlicherweise erlaubt wurde. Einige Bilder sind auch dem Internet entnommen. Die Quelle ist direkt bei den Bildern angegeben.

Im Februar 2016   Bernd Sonne

---

[1]Über die Allgemeine Relativitätstheorie (ART), die zehn Jahre später als die SRT von Einstein veröffentlicht wurde, gibt es schon ein *essential*, das vom Autor auch bei Springer-Spektrum erschienen ist. Da es über die ART weniger allgemeinverständliche Bücher gibt als bei der SRT, hatte der Verlag der ART zunächst den Vorzug gegeben.

Inhaltsverzeichnis

1	**Einleitung**		1
2	**Die Newton'schen Gesetze – die klassische Grundlage der Mechanik**		5
	2.1	Experiment von Fizeau	7
	2.2	Experiment von Michelson und Morley	7
	2.3	Lorentz-Transformation	9
3	**Konsequenzen für Einsteins SRT**		13
	3.1	Gleichzeitigkeit	13
	3.2	Synchronisation von Uhren	15
	3.3	Eigenzeit und Koordinatenzeit	15
	3.4	Raum-Zeit-Koordinatensystem	17
4	**Prinzipien der Speziellen Relativitätstheorie**		19
5	**Äquivalenz von Masse und Energie**		21
6	**Anwendungsbeispiele**		23
	6.1	Zerfall von Myonen	23
	6.2	Kraft durch elektrischen Strom	24
	6.3	Doppler-Effekt	25
	6.4	Aberration	27
	6.5	Global Positioning System (GPS)	27
	6.6	Zusammenstoß zweier Teilchen	30
	6.7	Erzeugung von Röntgenstrahlung	32
	6.8	SRT, Elektromagnetismus und Quantenmechanik	32

7   Paradoxa 35

7.1   Das Stab-Scheune-Problem – ein Paradoxon zur
Längenkontraktion 35

7.2   Skifahrer-Paradoxon – fällt man in eine Gletscherspalte oder
nicht? 37

7.3   Zwillingsproblem – ein Paradoxon zur Zeitdilatation 39

8   Zeitreisen, ein Ding der Unmöglichkeit? 43

8.1   Reisen in die Zukunft 43

8.2   Reisen in die Vergangenheit 44

8.3   Reisen schneller als die Lichtgeschwindigkeit? 45

8.4   Änderung des Aussehens von schnell bewegten Körpern 46

9   Zusammenfassung der Speziellen Relativitätstheorie 49

10   Einsteins Werke 51

Anhang 55

Literatur 57

Kurzbiographie

Dr. Bernd Sonne
Aufgewachsen und zur Schule gegangen bin ich (Jahrgang 1944) in Hamburg. Dort habe ich auch Physik studiert und am Deutschen Elektronen Synchrotron (DESY) promoviert.

Ich bin verheiratet und habe drei erwachsene Kinder. Privat treibe ich gerne Sport und programmiere eine Expertensoftware zum Börsenhandel. Meine berufliche Laufbahn umfasste mehrere Arbeitsgebiete mit vielen wissenschaftlichen Veröffentlichungen: Hochenergiephysik am DESY, medizinische Physik am Universitätskrankenhaus Hamburg-Eppendorf (UKE), Computergraphik und Datenbanken bei der Robert Bosch GmbH in Darmstadt und Geographische Informationssysteme bei der Siemens AG in München. In den letzten Berufsjahren habe ich als Projektmanager mehrere IT-Projekte geleitet.

Die Relativitätstheorie von Einstein gehörte schon zu meiner Schulzeit zu meinem besonderen Interessengebiet, das ich später zu meinem Hobby gemacht habe. Der Springer Verlag hat mir die Gelegenheit gegeben, darüber drei Bücher zu schreiben, eines davon mit einem Co-Autor.

Einleitung 1

Einstein wird unbestritten als einer der bedeutendsten Physiker des zwanzigsten Jahrhunderts genannt. Er wird oft auch als Genie bezeichnet. Das liegt daran, dass er nicht nur das physikalische Weltbild, das seit Newton über dreihundert Jahre bestand, mit der Relativitätstheorie grundlegend veränderte. Einstein hat darüber hinaus sehr viele neue Erkenntnisse auf dem Gebiet der Atom- und Quantentheorie geliefert. Die theoretischen Vorhersagen, die er in seinen Arbeiten im Jahre 1905 machte, konnten später alle zweifelsfrei nachgewiesen werden und führten zu vielen praktischen Anwendungen. Wir werden in diesem *essential* auf einige davon eingehen.

Die Spezielle Relativitätstheorie behandelt konstante und gleichförmige Bewegungen in Raum und Zeit. Dies scheint zunächst nichts Besonderes zu sein. Auch Newton schrieb schon ein Lehrbuch über physikalische Gesetze, die „Philosophiae Naturalis Principia Mathematica", die er im Jahre 1687 veröffentlichte. Aber wir werden sehen, dass die Lichtgeschwindigkeit, die in Newtons Theorie nicht vorkommt, eine bedeutende Rolle spielt, wie Einstein erkannte. Denn es hat sich experimentell herausgestellt, dass die Lichtgeschwindigkeit immer denselben Wert hat, und zwar unabhängig davon, wie und unter welchen Umständen sie gemessen wird. Wir werden sehen, dass sich daraus weitreichende Konsequenzen ergeben werden, die bis in unseren Alltag hineinspielen.

Wir wollen uns deshalb ausführlich mit folgenden Themen befassen. In einem historischen Rückblick gehen wir zunächst darauf ein, wie es überhaupt zur SRT gekommen ist. Kernpunkt ist dabei das berühmte Experiment von Michelson und Morley Ende des neunzehnten Jahrhunderts. Daraus entwickelte sich die sogenannte Lorentz-Transformation, die zeigt, wie sich Längen und Zeiten unter dem Einfluss der Lichtgeschwindigkeit ändern. Was es mit der wohl berühmtesten Gleichung der Physik $E = mc^2$ auf sich hat, werden wir kennenlernen.

© Springer Fachmedien Wiesbaden GmbH, ein Teil von Springer Nature 2020
B. Sonne, *Spezielle Relativitätstheorie für jedermann,* essentials,
https://doi.org/10.1007/978-3-658-28549-4_1

Nur zwei Prinzipien bilden die Grundlage der physikalischen Gleichungen von Einsteins SRT, mit denen sich die Bewegungen von Objekten in Raum und Zeit bestimmen lassen. Mittels eines Raum-Zeit-Diagramms können wir uns dies auch vorstellen.

Ein großer Teil dieses *essentials* befasst sich mit Beispielen zur SRT sowie einigen wundersamen Paradoxa[1]:

- Zerfall von Myonen
- Kraft durch elektrischen Strom
- Doppler-Effekt
- Aberration
- GPS
- Zusammenstoß von Teilchen
- Erzeugung von Röntgenstrahlung
- SRT, Elektrodynamik und Quantentheorie
- Stab-Scheune-Paradoxon
- Skifahrer-Paradoxon
- Zwillingsparadoxon
- Zeitreisen
- Aussehen schnell bewegter Körper

Uns interessiert auch, wie die SRT mit anderen Theorien zusammenpasst. Schließlich wollen wir uns noch mit dem spannenden Thema der Zeitreisen befassen, das auch mit der SRT zusammenhängt und über das schon seit über einhundert Jahren immer noch häufig diskutiert wird.

Es gibt immer wieder Bücher und auch Artikel im Internet, in denen behauptet wird, dass viele Theorien falsch seien. Dies betrifft insbesondere auch die Relativitätstheorie. Dazu ist zu sagen, dass den Kritikern die notwendigen mathematischen und physikalischen Kenntnisse fehlen. Bisher gibt es keine logischen und experimentellen Widersprüche der Relativitätstheorie.

Einsteins Relativitätstheorien, die SRT und ART, sind Beispiele großartiger Theorien, die sich auch in der Praxis bewährt haben. Auch die Quantentheorie,

---

[1]Anmerkung: das Wort Paradoxon bedeutet im physikalischen Sinn, dass sich zwei Sachverhalte *scheinbar* widersprechen. Das Wort *scheinbar* wird in der Literatur aber meist weggelassen, damit der Widerspruch zunächst aufrechterhalten bleiben soll. Bei genauerem Hinsehen lassen sich jedoch alle Paradoxa ohne einen Widerspruch auflösen.

die Thermodynamik und die Theorie der Elementarteilchen, die andere Autoren entwickelt haben, gehören dazu. Eine allumfassende physikalische Theorie, die alle bisherigen einschließt, gibt es bisher noch nicht. Obwohl schon der Zusammenschluss der SRT mit der Maxwell'schen Elektrodynamik und der Quantentheorie gelungen ist, fehlt noch die Verbindung der ART mit den Quantentheorien. Sie ist Gegenstand der heutigen Forschung in theoretischer Physik. Eine „einzige" Formel, die die physikalische Welt beschreibt, ist das Ziel, zu dem weitere experimentelle Forschungen in der Zukunft beitragen können.

Die Newton'schen Gesetze – die klassische Grundlage der Mechanik

2

In Isaac Newtons Lehrbuch von 1687 über physikalische Gesetze handelte es sich um die Gesetze zur Mechanik und Gravitation, d. h. nach welchen Gesetzen sich Körper im Raum bewegen. Eines davon ist das Trägheitsgesetz. Sofern keine äußeren Kräfte wie etwa Reibung auf einen Körper einwirken, bewegt er sich im Raum geradlinig mit konstanter Geschwindigkeit immer weiter, nachdem er irgendwie in Bewegung gebracht wurde. Man sagt, der Körper befindet sich in einem Inertialsystem, von lat. iners = träge. Als Inertialsystem bezeichnet man also ein System, in welchem sich ein Körper in gleichförmiger Richtung und mit konstanter Geschwindigkeit bewegt. Wenn sich der Körper nicht bewegt, befindet er sich in Ruhe. Dann ist seine Geschwindigkeit null.

Nehmen wir als Beispiel ein Auto. Das Auto und sein Fahrer bewegen sich gegenüber der Erde mit einer konstanten Geschwindigkeit ungleich null. Dies stellt ein Beobachter auf der Erde fest. Der Fahrer, der im Auto ruhig sitzt, bewegt sich jedoch gegenüber dem Auto nicht. Seine Geschwindigkeit ist bezogen auf das Auto gleich null. Und auch umgekehrt: das Auto bewegt sich gegenüber seinem Fahrer nicht. Damit haben wir schon zwei wesentliche Dinge kennengelernt: es gibt zwei Bezugssysteme S (Erde), S′ (Auto) und auf die wir die Geschwindigkeit des Fahrers und die des Autos beziehen können.

Die Geschwindigkeit $+v$ des Autos, kann man bestimmen, indem man seine in einer bestimmten Zeit t zurückgelegte Wegstrecke x misst und durch die Zeit dividiert: $v = x/t$. Die messende Person soll sich dabei *auf* der Erde in Ruhe befinden. Die Bewegung des Autos wird also mit einer Ortskoordinate x und einer Zeitkoordinate t bestimmt. Aus Sicht des Autos bewegt sich aber die Erde mit einer Geschwindigkeit $-v$ vom Auto weg. Die Bewegung von Auto und Erde ist daher *relativ* zueinander zu sehen.

© Springer Fachmedien Wiesbaden GmbH, ein Teil von Springer Nature 2020
B. Sonne, *Spezielle Relativitätstheorie für jedermann*, essentials,
https://doi.org/10.1007/978-3-658-28549-4_2

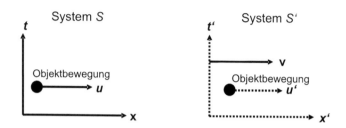

Abb. 2.1 Relative gleichförmige Bewegung von Bezugssystemen S und S' und Objekten darin

Die im Auto gemessene Zeit t' ist nach Newton immer dieselbe wie t, also t' = t. Der ursprüngliche Ort x, von dem der Weg des Autos gemessen wurde, ändert.

sich aber gemäß x' = x − v*t. Die Transformation der Koordinaten des Autos von t nach t' und x nach x' nennt man eine Galilei-Transformation. Galileo Galilei hatte sie lange vor Newton entdeckt. Man sieht daran eine wichtige Eigenschaft der Galilei-Transformation: die Zeit ist eine *absolute*, d. h. unveränderliche Größe, die Koordinate des Weges ist aber *relativ*, also je nach Betrachtung veränderlich. Die Lichtgeschwindigkeit spielte bei Newton, wie eingangs erwähnt, keine Rolle.

In Abb. 2.1 befindet sich der Beobachter im ruhenden System S. Das System des fahrenden Autos sei S'[1]. Es bewegt sich mit der Geschwindigkeit v vom Startpunkt des Autos weg. Jetzt gehen wir noch einen Schritt weiter. Wenn z. B. eine Fliege im Auto gegenüber dem Auto die Geschwindigkeit u' hat, dann hat sie aus Sicht des ruhenden Beobachters nach Galilei und Newton die Gesamtgeschwindigkeit u = u' + v. Beide Geschwindigkeiten werden also einfach addiert.

Wenn aber eine Lampe im Auto scheint und dann u' gleich der Lichtgeschwindigkeit c ist, dann müsste die im System S gemessene Lichtgeschwindigkeit u = c + v sein, also größer als c. Dieses Ergebnis erwartet man aufgrund der bisher geltenden Physik.

---

[1]In der Schulphysik ist die horizontale Achse meist die Zeit t und die vertikale Achse der Weg x. In der Relativitätstheorie ist es üblicherweise umgekehrt.

2.1 Experiment von Fizeau

Fizeau untersuchte 1851 die Ausbreitungsgeschwindigkeit von Licht in einer von Wasser durchströmten Glasröhre. Das Wasser bewegte sich in der Röhre mit der Geschwindigkeit v. Die Lichtgeschwindigkeit in einem Medium (hier Wasser) sei u'. Sie ist abhängig vom Brechungsindex des Mediums. Die Geschwindigkeit des Lichtes im Vakuum ist c. Sie beträgt beinahe 300.000 km/s.

Man erwartete, dass sich die Geschwindigkeit des Wassers v unmittelbar zu der des Lichtes u' addierte. Nach Galilei sollte die Summe $u = u' + v$ sein. Es kam aber folgendes Ergebnis heraus:

$$u = u' + v * \left(1 - u'^2/c^2\right)$$

Als Ursache für den „Klammerterm" machte man den „Äther" verantwortlich, der irgendwie die Flüssigkeit durchdringt und von ihr „mitgeführt" wird. Man glaubte, dass das Licht, analog wie die Schallwellen, ein Medium – den Äther – benötigte, um sich auszubreiten (bei Schallwellen ist es z. B. die Luft). Außerdem schien es, als würde der Äther für eine Reduzierung der Gesamtgeschwindigkeit sorgen. Aber wirklich erklären konnte man das Ergebnis damals nicht. Der Klammerausdruck wird uns im übernächsten Kapitel wieder begegnen. Fizeau konnte ihn noch nicht deuten.

2.2 Experiment von Michelson und Morley

Ende des neunzehnten Jahrhunderts machte man sich über die Bewegung und Ausbreitung des Lichtes weitere Gedanken. Seit Olaf Römer (1676) wusste man, dass die Lichtgeschwindigkeit *endlich* ist. Der Äther wurde als absolut ruhend angesehen. Das bedeutete auch, dass sich die gemessene Geschwindigkeit des Lichtes ändern würde, wenn sich die Lichtquelle im Äther bewegte, z. B. auf der Erde. Die Erde dreht sich um die Sonne mit ca. 30 km pro Sekunde, also mit dieser Geschwindigkeit auch im Äther. Denn man nahm an, dass der Äther bezüglich der Sonne ruht, die Erde sich gleichsam im „Ätherwind" um die Sonne dreht.

Michelson und Morley machten im Jahre 1881 bzw. 1887 ein berühmtes Experiment, womit sie diesen Ätherwind nachweisen wollten. Dabei bewegte sich ein Lichtstrahl in verschiedene Richtungen bei einer geschickten Anordnung von Spiegeln, s. Abb. 2.2.

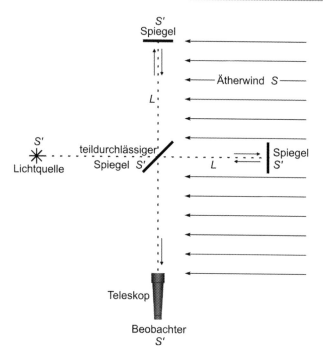

Abb. 2.2 Experiment von Michelson-Morley

Zunächst trifft das Licht auf einen halbdurchlässigen zentralen Spiegel. Ein Strahl führt direkt zu dem gegenüberliegenden Spiegel, der senkrecht zum Ätherwind ausgerichtet ist. Von dort wird er reflektiert und gelangt wieder über den zentralen Spiegel zum Beobachter. Der andere Teil des Lichtstrahles wird zu dem Spiegel gelenkt, der parallel zum Ätherwind steht. Von dort wird er ebenfalls reflektiert und gelangt direkt zum Beobachter. Die Wege zwischen den Spiegeln sind alle gleich lang. Bei dieser Anordnung sollte man wegen der Bewegung der Erde gegenüber dem Äther unterschiedliche Laufzeiten des Lichtstrahles messen. Diese wiederum würden sich bei der Überlagerung der Lichtstrahlen beim Beobachter in Form von Interferenzerscheinungen bemerkbar machen.

Es stellte sich jedoch heraus, dass keine Interferenzen gab. Auch nicht, wenn man die Spiegelanordnung um 90° drehte. Man konnte dies nur dadurch erklären, dass sich die Zeiten und Wege, die das Licht zurücklegt, irgendwie unter dem Einfluss der Bewegung im Äther verändert haben mussten. Zudem stellte man fest, dass die Berechnung der Lichtgeschwindigkeit jeweils einen anderen Wert ergab, einmal aus Sicht des Spiegelsystems S′ und zum anderen aus der Sicht des Äthers S. Diese Ergebnisse würden aber den bisherigen Vorstellungen wiedersprechen und schienen sehr unwahrscheinlich zu sein. Denn die Lichtgeschwindigkeit war vorher schon in anderen Experimenten als konstant erkannt worden.

Lorentz und unabhängig davon FitzGerald konnten 1892 die merkwürdigen Messergebnisse nur erklären, wenn sich die Lichtwege und Laufzeiten in dem Experiment unter dem Einfluss des Äthers veränderten. Die Transformation von Zeit und Weg sollte also anders aussehen als bei Galilei. Bemerkenswert ist noch, dass man die Äthertheorie weiterhin beibehalten konnte, nachdem man Korrekturen zur Wege- und Zeitberechnung angebracht hatte. Die genauen Rechnungen (in Schulmathematik) können dazu in Ref. [10] nachgelesen werden. Sie führen zur sogenannten Lorentz-Transformation im folgenden Kapitel.

2.3 Lorentz-Transformation

Aus der Analyse des Experimentes von Michelson und Morley entwickelte sich die Lorentz-Transformation, damit man das Ergebnis des Experimentes erklären konnte. Der Äther wurde nach wie vor als Ausbreitungsmedium des Lichtes angesehen.

$$t' = (t - v * x/c^2)/(1 - v^2/c^2)^{1/2}$$

und

$$x' = (x - v * t)/(1 - v^2/c^2)^{1/2}$$

Was bedeuteten diese Transformationen? Sie transformieren Ort und Zeit eines Inertialsystems in das andere unter Berücksichtigung der Konstanz der Lichtgeschwindigkeit. Während bei Newton die Zeit noch eine absolute Größe war ($t'=t$), ist sie jetzt auch relativ. Der Ort bleibt relativ, wenngleich eine andere Beziehung als bei Galilei gilt. Es steht nun an einigen Stellen die Lichtgeschwindigkeit c zum Quadrat und bei t' auch der Ort x. Wenn die Lichtgeschwindigkeit sehr groß gegenüber v ist oder sie sogar als unendlich groß angenommen wird, dann stimmt die Lorentz-Transformation mit der Galilei-Transformation überein. Wie diese sehr wichtige Lorentz-Transformation hergeleitet wird, ist dem Anhang dieses Buches zu entnehmen.

Man bezeichnet den Ausdruck $1/(1 - v^2/c^2)^{1/2}$ üblicherweise als sogenannten Lorentz-Faktor Gamma. Wir sehen in der Abb. 2.3, dass sich sein Einfluss erst dann bemerkbar macht, wenn v sehr nahe bei c liegt.

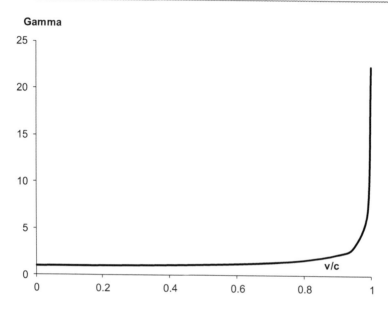

Abb. 2.3 Lorentz-Faktor Gamma

Hier sind ein paar Beispiele für Geschwindigkeiten, um die Größenordnung gegenüber der Lichtgeschwindigkeit zu verdeutlichen:

100 m Läufer	36 km/h (10 m/s)
Flugzeug	800 km/h (Reisegeschwindigkeit)
Erdäquator	1670 km/h (Eigendrehung der Erde)
Satellit	11.000 km/h (geostationäre Bahn)
Rakete zum Mond	40.000 km/h (Fluchtgeschwindigkeit)
Erde um die Sonne	108.000 km/h (Erdbahn um die Sonne)
Licht	1.080.000.000 km/h (300.000 km/s).

Mithilfe der Lorentz-Transformation kann man auch zeigen, dass die Formel für die relativistische Addition der Geschwindigkeiten u′ und v jetzt so aussieht:

$$u = (u' + v)/(1 + u' * v/c^2)$$

u′ ist die Geschwindigkeit eines Objektes in dem bewegten System S′. In dem ruhenden System S ist u dann nach obiger Formel die relativistische Addition von u' und v. Nach Galilei würde bei Newton der Nenner gleich eins sein (c = unendlich). Wenn u' = v = c ist, dann ist u ebenfalls c und nicht 2*c, wie es nach Newton möglich wäre.

Wir kommen noch einmal auf das Experiment von Fizeau zurück. Die Geschwindigkeit v der Flüssigkeit ist sehr klein gegenüber der Lichtgeschwindigkeit u' im Wasser bzw. c im Vakuum. Dann kann man obige Additionsformel geschickt umformen. Sie stimmt dann mit Formel von Abschn. 2.1 überein. Und man benötigt keinen Äther dazu, wie Einstein später erkannte!

Es bleibt noch die Beschleunigung a' zu betrachten. Wie wird sie in das Ruhesystem transformiert? Auch sie kann man aus der Lorentz-Transformation ableiten, es gilt für eine Bewegung in x-Richtung:

$$a = a' * (1 - v^2/c^2)^{3/2}$$

Die Beschleunigung ist wie bei Newton eine absolute Größe. In beiden Systemen gibt es eine Beschleunigung. Nur im Falle a' = 0 ist auch a = 0. Wir werden aber im Rahmen der ART noch sehen, dass die Beschleunigung auch relativ ist[2]. D. h., während sie in einem System ungleich null ist, ist sie im anderen System null.

Wir haben gelernt, dass die Lichtgeschwindigkeit im Vakuum immer und überall konstant ist. Seit Anfang 2019 wird die Lichtgeschwindigkeit wegen ihrer Konstanz auch zur Definition (SI-Einheit) des Meters verwendet. Diese Konstante ist nicht genau 300 000 000 m s^{-1} sondern definiert als c = 299 792 458 m s^{-1}. Warum man gerade diesen Wert festgelegt hat, soll uns hier nicht weiter interessieren.

Um daraus das Meter zu definieren, benötigt man noch die Definition einer Sekunde. Sie wird mit Hilfe von atomaren Schwingungen, also der Frequenz f des Cäsium-Isotops ^{133}Cs definiert. Sie ist ebenfalls als Konstante festgelegt:

$$f = 9\,192\,631\,770\ s^{-1}$$

Dann ist 1 s = 9 192 631 770/f.

Für das Meter gilt danach folgende Definition:

$$1\,m = 9\,192\,631\,770 * c/(299\,792\,458 * f).$$

Entscheidend sind also die konstanten Zahlenwerte. Wozu benötigt man so genaue Werte? Sie sind immer dann notwendig, wenn man sehr genaue Zeit- und

---

[2]Ein *essential* über die ART in 2. Auflage ist vom Autor auch bei Springer-Spektrum erschienen.

Längenmessungen durchführen will. Als Beispiel sei das Global Positioning System (GPS) genannt, auf das wir später noch kommen werden. In früheren Jahren gab es z. B. das Urmeter aus Platin-Iridium, das in Paris gelagert wurde. Es hat sich jedoch gezeigt, dass sich deren Länge im Laufe der Zeit geringfügig verändert hat, sodass es nicht mehr den heutigen Genauigkeitsanforderungen genügt.

Konsequenzen für Einsteins SRT

3

Die Ergebnisse aus Kap. 2 wurden zwar mit Newtonscher Mechanik und unter Berücksichtigung der Lichtgeschwindigkeit gemessen bzw. berechnet. Aber man hatte immer noch gedacht, dass der Äther aus Ausbreitungsmedium für das Licht benötigt wurde. Und wirklich erklären konnte man die Ergebnisse nicht. Einstein interpretierte der Ergebnisse mit Hilfe von Gedankenexperimenten, die er sich ausdachte. Auch führte er für das Verständnis neue Begriffe ein, die man vorher noch nicht kannte. Wir wollen uns zunächst damit befassen und sehen, welche Konsequenzen sich daraus ergeben. Schließlich werden wir sehen, dass ein neues Koordinatensystem den bisherigen dreidimensionalen Raum mit einer neuen zeitlichen Koordinate zu einer vierdimensionalen Raum-Zeit vereint.

3.1 Gleichzeitigkeit

Der Begriff der Gleichzeitigkeit ist in der SRT von besonderer Bedeutung. Wie Gleichzeitigkeit in der SRT betrachtet wird, soll an folgendem Beispiel erläutert werden. Sehen wir uns die Abb. 3.1 an. Ein Wagen bewege sich mit der Geschwindigkeit v. Von der Mitte des Wagens trifft ein Lichtblitz auf beide Seiten. Für den Beobachter im Wagen geschieht dies *gleichzeitig* auf die Wände, da sich die Lichtquelle, der Wagen und der Beobachter gemeinsam innerhalb des Wagens in Ruhe befinden.

Aber für die Beobachterin außerhalb des Wagens trifft das Licht wegen seiner endlichen Lichtgeschwindigkeit *nicht gleichzeitig* auf beide Wände: auf der hinteren Wand trifft es eher auf als auf der vorderen Wand. Die Lichtgeschwindigkeit ist aber für beide Personen, die sie im oder außerhalb des Wagens messen, dieselbe. Die Zeit, die das Licht zu den Wänden braucht, ist von innen oder außen

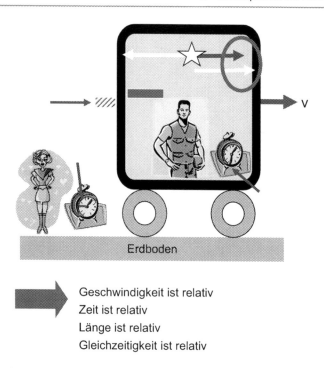

Geschwindigkeit ist relativ
Zeit ist relativ
Länge ist relativ
Gleichzeitigkeit ist relativ

Abb. 3.1 Geschwindigkeit und Gleichzeitigkeit sind relativ. Zeiten und Längen sind relativ

gemessen nicht gleich. Die Uhren im Wagen und auf der Erde gehen verschieden schnell wie wir noch zeigen werden.

Die Gleichzeitigkeit des Ereignisses „Licht trifft die Wand rechts und links" würde nur dann in beiden Systemen auftreten, wenn das Licht unendlich schnell wäre. Gleichzeitigkeit ist also eine relative Eigenschaft in der SRT. Während ein Ereignis in einem System gleichzeitig stattfindet, wird es im anderen System als nicht gleichzeitig gemessen.

Ein anderes Beispiel stammt von Einstein. Jemand steht in der Mitte eines Bahnsteiges. Links und rechts von ihm oder ihr schlägt in demselben Abstand zur selben Zeit ein Blitz ein. Dann kommen die Lichtblitze *gleichzeitig* bei der Person an. Nun fährt ein Zug vorbei. Im Zug sitzt ein Fahrgast, der auch exakt zu demselben Zeitpunkt an der Bahnsteigmitte vorbeifährt. Da sich der Zug aber in Bewegung befindet, sieht der Fahrgast den einen Lichtblitz früher als den anderen, also *nicht gleichzeitig*. Ursache dafür ist, wie nicht anders zu erwarten, die Konstanz der endlichen Lichtgeschwindigkeit. Sie ist wie gesagt unabhängig von der Bewegung eines Beobachters oder der Lichtquelle.

3.2 Synchronisation von Uhren

Jetzt ergibt sich noch folgende für die Praxis relevante Fragestellung. Wie kann man es erreichen, dass zwei Uhren momentan dieselbe Zeit anzeigen, also synchronisiert sind, egal wo sie sich befinden? Wenn sie sich am selben Ort in Ruhe befinden, kann man beide Uhren gleichzeitig auf null stellen. Das ist einfach. Wenn sie sich aber an verschiedenen Orten A und B befinden, spielt die Relativität der Gleichzeitigkeit eine Rolle, weil man nicht weiß, welche Uhrzeit bei A und B momentan angezeigt wird. Man benötigt also ein Verfahren, wie man die Uhrzeit von A nach B übermitteln kann (oder auch umgekehrt), auch wenn sich die Uhren bewegen.

Zum Glück gibt es die Lichtgeschwindigkeit, deren Konstanz man ausnutzen kann. Dazu sendet man vom Ort A ein Lichtsignal, dass am Ort B empfangen wird. Die Uhr bei A hält den Sendezeitpunkt als Zeitpunkt null fest und läuft los. Wenn man die Entfernung beider Orte kennt, dann kann man die Laufzeit ausrechnen, die das Licht von A nach B benötigt. Sobald man das Signal bei B empfangen hat, stellt man die Uhr bei B von null auf diese Laufzeit vor und lässt sie anschließend weiterlaufen. Dann haben beide Uhren denselben Nullpunkt. Auf diese Weise kann man Uhren immer synchronisieren und später wieder vergleichen.

3.3 Eigenzeit und Koordinatenzeit

„Zeit ist das, was man an der Uhr abliest". Dieses Zitat von Einstein sagt eigentlich schon alles. Man braucht eine Uhr, die exakt geht, und schon weiß man, wann eine Sekunde vergangen ist oder die Stunde geschlagen hat. Wie die Uhr von jemandem geht, der sich an einem anderen Ort befindet, können wir feststellen, wenn wir beide Uhren zu Beginn einmal synchronisiert haben, s. voriges Kapitel. Aber das ist noch nicht alles, was Einstein zum Thema Uhren und Zeit zu sagen hat. Denn beide Uhren können „im Laufe der Zeit" eine unterschiedliche Uhrzeit anzeigen. Dies geschieht dann, wenn sich eine Uhr gegenüber der anderen bewegt. Damit ist nicht die Bewegung der Zeiger gemeint, sondern die der ganzen Uhr. Je der beiden Uhren soll sich in ihrem Bezugssystem S bzw. S' in Ruge befinden. Aber das System S bewegt sich im Raum gegenüber dem anderen System S' mit der Geschwindigkeit v, s. a. Abb. 2.1.

Einstein verwendet für die Systeme zwei verschiedene Zeitbegriffe: die Eigenzeit und die Koordinatenzeit. Die Eigenzeit ist die Zeit, die man bei der *eigenen* Uhr, sprich im eigenen Bezugssystem, abliest. Die Koordinatenzeit hingegen ist die Zeit, die vom – eigenen System aus betrachtet – in einem anderen System abläuft. Im *eigenen* System ist die Eigenzeit (daher der Name) identisch mit der Koordinatenzeit dieses Systems.

Beide Zeiten sind nicht mehr identisch, was sich aber erst bei sehr großen Geschwindigkeiten bemerkbar macht. Die Eigenzeit wird üblicherweise mit dem griechischen Kleinbuchstaben τ (Tau) geschrieben, die Koordinatenzeit mit t. Wir sehen uns dazu noch einmal Abb. 3.1 an. Die Uhren im und außerhalb des Wagens zeigen jeweils eine andere Zeit an. Die Uhr im Wagen geht langsamer als die Uhr draußen. Und es gibt noch eine Feststellung. Die im Wagen ruhende Person wird immer dieselbe Länge des Maßstabes im Wagen messen. Für die Beobachterin außerhalb des Wagens ist dieser Maßstab im Wagen aber verkürzt. Diesen Sachverhalt wollen wir uns noch etwas genauer ansehen, indem wir die Differenz von zwei Zeitmessungen sowie die Differenz zweier Ortsmessungen betrachten. Denn mit Hilfe der Lorentz-Transformation aus Abschn. 2.3 kann man diese Differenzen (man spricht auch von Intervallen) berechnen.

Für die in Ruhe befindliche Person vergeht die Koordinatenzeit Δt. Man benutzt oft den griechischen Großbuchstaben Δ (Delta) zur Bezeichnung von Differenzen oder Intervallen. $\Delta\tau = \Delta t'$ ist die Eigenzeit einer sich mit v bewegenden Person. Dann ist jetzt nicht mehr $\Delta t = \Delta\tau$ wie bei Newton, sondern es gilt eine etwas andere Formel:

$$\Delta t = \Delta\tau/(1 - v^2/c^2)^{1/2}.$$

Den Wurzelausdruck haben wir schon bei der Lorentz-Transformation kennengelernt. Das Zeitintervall Δt ist für die ruhende Person wegen der Wurzel größer als das Zeitintervall der Eigenzeit $\Delta\tau$. Wie man sieht, wird in dem einen System S' das Zeitintervall gegenüber dem anderen System S gedehnt. Man bezeichnet dies als Zeitdilatation. Da aber jede Person sich in ihrem eigenen System in Ruhe befindet, kann sie auch sagen, dass ihr eigenes Zeitintervall länger als das andere ist. Das ist ziemlich verwirrend und sieht wie ein eklatanter Widerspruch aus. Wir werden jedoch diese paradoxe Situation in Abschn. 7.3 auflösen.

Zusätzlich wird – von einer ruhenden Person aus betrachtet – ein Maßstab $\Delta x'$ der sich bewegenden Person kleiner, je schneller sie sich bewegt:

$$\Delta x = \Delta x' * (1 - v^2/c^2)^{1/2}.$$

Die ruhende Person sieht, dass sich wegen des Wurzelfaktors der bewegte Maßstab $\Delta x'$ auf die Länge Δx verkürzt hat. Dieser Vorgang wird als Längenkontraktion bezeichnet.

Auch hier fällt auf, dass beide Personen sagen können: mein Maßstab ist kleiner als der andere. Denn man kann in den beiden Gleichungen die Systeme vertauschen ($x \leftrightarrow x'$). Außerdem bewegt sich die eine Person mit v, die andere aber mit -v ($v \leftrightarrow -v'$). Das Quadrat v^2 ist positiv. Dann treffen für beide Systeme

die Aussagen über die Zeitdilatation und Längenkontraktion zu, also auch in
Abb. 3.1. Irgendetwas scheint hier falsch zu sein! Wir lassen diese Merkwürdig-
keit zunächst einmal so stehen und gedulden uns bis zum Abschn. 7.1.
    Ein Ergebnis nehmen wir schon vorweg. Hafele und Keating haben 1971 ein
Experiment durchgeführt, bei dem Atomuhren in einem Flugzeug um die Erde
geflogen sind, Ref. [18]. Die Uhrzeit, der sich bewegenden Atomuhr wurde
mit einer anderen auf der Erde ruhenden Atomuhr vergleichen. Dabei hat man
zweifelsfrei eine relativistische Zeitdilatation für die Uhr auf der Erde nach-
wiesen. D. h., die Uhr im Flugzeug hat eine kleinere Zeit angezeigt als die andere.

3.4   Raum-Zeit-Koordinatensystem

Bisher haben wir nur Bewegungen in der räumlichen x-Richtung betrachtet. Allgemeine Bewegungen finden, wie wir wissen, im dreidimensionalen Raum mit
den Koordinaten x, y und z statt. Nach Einstein hängen aber Raum und Zeit
immer miteinander zusammen, wie die Lorentz-Transformation zeigt. Deshalb
wurde zur Veranschaulichung ein vierdimensionales Raum-Zeit-Koordinatensystem von Herrmann Minkowski eingeführt, bei dem die vierte Koordinate die
Zeit t ist. Sie wird üblicherweise mit der Lichtgeschwindigkeit c multipliziert.
Damit erhält ct auch eine räumliche Dimension. Etwas Vierdimensionales können
wir uns nicht vorstellen oder gar zeichnen. Deshalb lässt man für die graphische
Darstellung einfach eine Raumkoordinate weg, hier z, s. Abb. 3.2. Mathematisch
kann man aber vier Dimensionen behandeln.

Abb. 3.2 Minkowski-
Geometrie von Raum und
Zeit

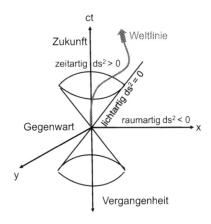

Das Koordinatensystem enthält einen Kegel, der von einem Lichtstrahl begrenz wird. Dieser Lichtstrahl liegt auf einer Geraden, die einen Winkel von 45° Grad gegenüber den anderen Koordinatenachsen bildet. Weshalb sind es 45°? Die Lichtgeschwindigkeit c beträgt $c = x/t$. In diesem Koordinatensystem ist dann die Steigung der Lichtgeraden $ct/x = x/t * t/x = 1$. Eine Steigung 1 hat aber genau einen Winkel von 45°. Ein materielles Objekt kann sich nur mit einer kleineren Geschwindigkeit als der des Lichtes bewegen, s. Kap. 5. Deshalb finden alle Bewegungen von Objekten in diesem Koordinatensystem innerhalb eines Kegels in Richtung ct statt.

Wir wollen jetzt noch den Begriff Weg- oder Linienelement erwähnen. Jeder kennt den Satz des Pythagoras, in einem rechtwinkligen Dreieck gilt: $c^2 = a^2 + b^2$. In einem Quader mit drei Seiten a, b und c gilt für die Diagonale: $d^2 = a^2 + b^2 + c^2$. Wenn wir noch die Zeit t hinzunehmen, dann gilt für eine sehr kleine (infinitesimale) Strecke ds in dem Koordinatensystem x, y, z und t:

$$(ds)^2 = (dx)^2 + (dy)^2 + (dz)^2 + c^2(dt)^2.$$

Dies sieht aus wie der „vierdimensionale" Satz des Pythagoras. Mathematisch gesehen, können auch vier Koordinaten senkrecht aufeinander stehen. Üblicherweise schreibt man jedoch:

$$(ds)^2 = c^2(dt)^2 - (dx)^2 - (dy)^2 - (dz)^2.$$

Warum man bei den räumlichen Koordinaten negative Vorzeichen hat, hängt mit der optischen Ausbreitung des Lichtes in Form einer Kugelwelle zusammen. Man lässt außerdem noch die Klammern für eine vereinfachte Schreibweise weg.

Nun ist das Linienelement ds nichts anderes als das zugehörige Eigenzeitelement $d\tau$ multipliziert mit c:

$$\begin{aligned} ds^2 = c^2 d\tau^2 &= c^2 dt^2 - dx^2 - dy^2 - dz^2 \\ &= c^2 dt^2 (1 - (dx^2 + dy^2 + dz^2)/(c^2 dt^2)) \\ &= c^2 dt^2 \left(1 - v^2/c^2\right) \end{aligned}$$

Wenn man auf beiden Seiten der Gleichung die Wurzel zieht, erkennt man an der letzten Formel mit $v^2 = (dx^2 + dy^2 + dz^2)/dt^2$ die o. g. Zeitdilatation (dort war $dy = dz = 0$ gesetzt).

Prinzipien der Speziellen Relativitätstheorie

4

Einstein hat seine SRT auf nur zwei Prinzipien aufgebaut, Abb. 4.1:

Wir können dieses Kapitel sehr kurz fassen, da wir bereits alles besprochen haben, was Einstein dazu geführt hat, seine zwei Prinzipien aufzustellen. Der erste Punkt ergab sich aus dem Experiment von Michelson und Morley, dessen Ergebnis Einstein kannte. Der zweite Punkt wurde durch die Lorentz-Transformation erfüllt, die Einstein ebenfalls bekannt war. Denn mit der Lorentz-Transformation ließen sich alle gleichförmigen Bewegungen ineinander transformieren! Einstein hatte jedoch daraus den Schluss gezogen, dass der Äther erstens als absolutes Bezugsmedium überflüssig war (bei Fizeau war der Äther „mitgeführt"), und zweitens, dass der Äther als Ausbreitungsmedium für das Licht überhaupt nicht mehr benötigt wurde! Das war schon eine Revolution des bis dahin vorherrschenden physikalischen Weltbildes!

Eine Theorie ist desto eindrucksvoller, je größer
die Einfachheit ihrer Prämissen ist,
je verschiedenartigere Dinge sie verknüpft und
je weiter ihr Anwendungsbereich ist.
Albert Einstein

© Springer Fachmedien Wiesbaden GmbH, ein Teil von Springer Nature 2020
B. Sonne, *Spezielle Relativitätstheorie für jedermann*, essentials,
https://doi.org/10.1007/978-3-658-28549-4_4

1. Die Lichtgeschwindigkeit ist (im Vakuum) gleich groß, unabhängig von der Bewegung des Bezugssystems.

2. In allen gleichförmig bewegten Systemen gelten dieselben physikalischen Gesetze.

 1. Raum und Zeit sind untrennbar miteinander verbunden.
2. Es gibt keinen absoluten Raum und keine absolute Zeit.

Abb. 4.1   Prinzipien der Speziellen Relativitätstheorie

Äquivalenz von Masse und Energie 5

Eine weitere Konsequenz, die Einstein gefunden hat, ist allerdings die bei weitem bekannteste. Sie besagt, dass jeder ruhende Körper mit der Masse m_0 eine Ruhe-Energie E_0 hat, gemäß der Gleichung. $E_0 = m_0 * c^2$. Ruhemasse und Ruhe-Energie sind also bis auf den Faktor c^2 dasselbe! Weiterhin stellt sich heraus, dass die Masse umso größer wird, je schneller sich der Körper bewegt. Man spricht dann von bewegter Masse $m = m_0/(1 - v^2/c^2)^{-1/2}$. Diesen Effekt kann man auch experimentell mit Elementarteilchen nachweisen. Beide Aussagen ergeben zusammen die berühmte Einstein'sche Gleichung

$$E = m * c^2,$$

die wohl jeder schon einmal gehört hat. Sie bedeutet, dass die Energie E eines Körpers und seine Masse m einander äquivalent sind, wie man sagt[1]. Wir verweisen auf den Anhang, wo diese Formel mit einfacher Oberstufenmathematik hergeleitet wird. Die Geschwindigkeit v einer Masse m kann aber nicht so groß wie die Lichtgeschwindigkeit werden. Denn dann würde die Masse unendlich groß sein, was physikalisch keinen Sinn macht. Mathematisch ist es natürlich denkbar, dass ihre Geschwindigkeit größer als die des Lichtes ist. Dann wäre m aber eine imaginäre Masse, wie sich aus oben erwähnter Formel für die Masse ergibt. Solche Teilchen, Tachyonen genannt, bleiben aber Spekulation. Sie hat noch niemand in Experimenten nachgewiesen. Wir werden aber auf dieses Thema später in Abschn. 8.3 noch einmal zurückkommen.

---

[1]Zur Verdeutlichung sei gesagt: Wenn 1 Gramm vollständig in Energie umwandelt wird, erhält man ca. 25 Mio. Kilowattstunden. Diese Tatsache wird in Atomkraftwerken (Kernspaltung) genutzt. Die Sonne verliert in jeder Sekunde etwa 4 Mio. Tonnen von ihrer Masse, die in Wärme umgewandelt wird (Kernfusion). Die Problematik der Kernenergie soll an dieser Stelle nicht betrachtet werden.

© Springer Fachmedien Wiesbaden GmbH, ein Teil von Springer Nature 2020
B. Sonne, *Spezielle Relativitätstheorie für jedermann*, essentials,
https://doi.org/10.1007/978-3-658-28549-4_5

Das Licht hat selbst keine Ruhemasse, aber durch seine Energie eine bewegte Masse. Die Formel dazu hat auch Einstein gefunden: $m_{Licht} = h \, \nu / c^2$. Dabei ist h das Planck'sche Wirkungsquantum, und der griechische Buchstabe ν (Ny) bezeichnet die Lichtfrequenz. Diese Lichtmasse hat ebenfalls eine große physikalische Bedeutung.

Wir wollen noch zwei Fragen beantworten, die man auch bei der SRT stellen kann. Jeder hat schon einmal von der Erhaltung der Energie gehört. Energie kann verschiedene Ausprägungen haben, z. B. mechanische Energie, elektrische Energie, Wärmeenergie, Lichtenergie. Energien können auch ineinander umgewandelt werden. Aber dabei bleibt die Gesamtenergie immer erhalten. Dies ist eine experimentelle Erfahrungstatsache, zu es bisher keine Gegenbeispiele gibt. Sie ist deshalb ein wichtiges Prinzip in der Physik.

Das gleiche gilt für die Erhaltung des Impulses (= Masse mal Geschwindigkeit). Wenn man z. B. in einem Boot einen Stein nach vorne wegwirft, dann fliegt auch der Stein mit seinem Impuls nach vorne. Das Boot aber setzt sich mit demselben, jedoch umgekehrten Impuls nach hinten in Bewegung. Vor dem Wurf war der Gesamtimpuls gleich null, danach aber auch. Diese Erhaltungssätze gelten auch in der SRT. Allerdings ist dort die mathematische Formulierung etwas anders als bei Newton, da in der SRT der Lorentz-Faktor berücksichtigt werden muss.

Anwendungsbeispiele

6

6.1 Zerfall von Myonen

Ein schönes Beispiel für die Zeitdilatation und Längenkontraktion (s. Abschn. 2.3) ist der Zerfall von Myonen (My-Mesonen). Dies sind Elementarteilchen, die in 10 km Höhe entstehen, sobald kosmische Strahlung auf die Moleküle der Atmosphäre trifft. Sie fliegen fast mit Lichtgeschwindigkeit $v = 0,98\,c$ auf die Erde zu (von der Erde aus gemessen). Myonen haben im Ruhezustand eine Halbwertszeit (Eigenzeit) von $\Delta\tau = 2,2\,\mu s$. Das Zerfallsgesetz lautet:

$$N(t) = N_0 \left(\frac{1}{2}\right)^{\frac{t}{T_{1/2}}}$$

Dabei ist N_0 eine anfängliche Anzahl von Myonen, sagen wir 1 Mio., und $T_{1/2}$ ist deren Halbwertszeit. $N(t)$ ist die Anzahl von Myonen, die nach einer Laufzeit t noch übrigbleibt. Ihre Laufzeit t bis zur Erde beträgt ca. $34\,\mu s$. Das sind 15,45 Halbwertszeiten. Damit würde nach 650 m schon die Hälfte aller Myonen zerfallen sein. Auf der Erde sollten daher nur noch 22 ankommen. Auf der Erde werden aber noch über 100.000 Myonen nachgewiesen. Das scheint paradox zu sein.

Die Auflösung sieht so aus: Die Halbwertszeit bzw. Lebensdauer der Myonen $\Delta\tau$ ist – von der Erde aus betrachtet – erheblich länger. Sie beträgt $\Delta t = 11\,\mu s$ (Koordinatenzeit) statt $2,2\,\mu s$. Nach obiger Zerfallsformel bleiben dann noch ca. 117.000 übrig, womit der Widerspruch aufgelöst ist. Die Myonen selbst „sehen" in ihrem Ruhesystem den Abstand Δx zur Erde deutlich kürzer. Er beträgt nur noch 2 km statt 10 km.

Allerdings ist dieses Beispiel noch nicht ganz vollständig beschrieben. In Wirklichkeit müssen die Myonen natürlich beschleunigt worden sein, um auf ihre Geschwindigkeit zu kommen. Insofern müssen wir die Eigenzeit des gesamten

© Springer Fachmedien Wiesbaden GmbH, ein Teil von Springer Nature 2020
B. Sonne, *Spezielle Relativitätstheorie für jedermann*, essentials,
https://doi.org/10.1007/978-3-658-28549-4_6

Bewegungsablaufes betrachten, was wir auch beim Zwillingsparadoxon in Abschn. 7.3 noch berücksichtigen werden. Im Ergebnis würde sich aber nichts ändern, auch wenn die Dauer der Beschleunigung sehr klein gegenüber der Dauer der konstanten Fluggeschwindigkeit ist. Am Forschungszentrum CERN bei Genf hatte man in einem Experiment Myonen so hoch beschleunigt, bis sie fast Lichtgeschwindigkeit erreicht hatten, Ref. [4]. Die gemessene Zeitdilatation stimmte mit sehr hoher Genauigkeit mit der berechneten überein.

6.2   Kraft durch elektrischen Strom

Dies ist ein weniger bekanntes Beispiel. Es zeigt, dass man die elektromagnetischen Kräfte auch mit der Längenkontraktion aus der SRT herleiten kann. Ref. [5].

Ein elektrischer Leiter ist – von außen betrachtet (im Laborsystem) – ladungsneutral, d. h. die positiven und negativen Ladungen haben jeweils dieselben Abstände 1 (Abb. 6.1 oben). Zur Vereinfachung nehmen wir einen unendlich langen dünnen Leiter. Wenn sich die Elektronen $(-)$ gegenüber den positiven

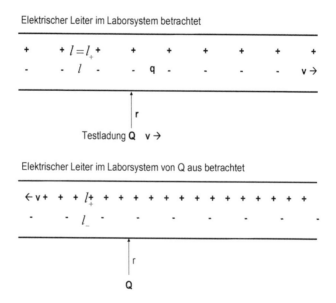

Abb. 6.1 Längenkontraktion von Abständen bewegter Ladungen im elektrischen Leiter

Ladungen (+) mit einer Geschwindigkeit v bewegen, fließt ein elektrischer Strom. Es entsteht ein elektrisches Feld. Die Elektronen bewegen sich im Leiter mit einer nur äußerst geringen Geschwindigkeit von ca. v = 1 mm/s! Die „fließenden" Elektronen „sehen" dennoch in ihrem Ruhesystem, dass die Abstände l_+ der positiven Ladungen im Laborsystem längenkontrahiert sind, während umgekehrt ihr eigener Abstand l_- im Laborsystem gedehnt ist (Abb. 6.1 unten):

$$l_+ = l\sqrt{1 - (v/c)^2} \text{ und } l_- = l/\sqrt{1 - (v/c)^2}.$$

Da $(v/c)^2$ etwa 10^{-23} ist, resultiert daraus eine winzige Längenkontraktion bzw. -dehnung von beinahe null, aber eben nur beinahe! Deshalb ist der Leiter aus Sicht der Elektronen nicht mehr ladungsneutral.

Nun passiert Folgendes, wodurch im Prinzip jeder Elektromotor funktioniert. Auf eine Testladung Q im Abstand r zum Leiter, die sich mit der gleichen Geschwindigkeit wie die Elektronen bewegt, wirkt das elektrische Feld der Elektronen. Daraus resultiert im System der Testladung eine elektrische Kraftwirkung auf sie (Coulomb Gesetz). Diese elektrische Kraft im bewegten System der Testladung ist aber identisch mit der magnetischen Kraft im Laborsystem (Biot-Savart Gesetz).[1]

Jetzt kommt die überraschende Erkenntnis: Die winzige Längenkontraktion von nahezu null führt dennoch zu einer elektromagnetischen Kraft, und zwar deshalb, weil sich im Leiter die ungeheuer große Anzahl von ca. 10^{+23} Elektronen pro cm^3 befindet!

6.3 Doppler-Effekt

Dieser physikalische Effekt ist nach dem österreichischen Physiker Christian Doppler benannt, der ihn schon 1842 vorausgesagt hat. Es handelt sich dabei um eine Frequenzänderung eines akustischen Signals, wenn sich der Beobachter oder die Signalquelle bewegen. Diesen Effekt kennt jeder. Wenn ein Polizeiauto mit Warnsignal sich jemandem nähert, dann wird der Ton für ihn oder sie höher. Wenn sich das Auto entfernt, wird der Ton tiefer. Die Frequenz des Signaltons f_Q für den Fahrer im Auto bleibt aber dieselbe. Es ändert sich die Tonfrequenz f_B nur für den Zuhörer außerhalb des Autos.

$$f_B = f_Q / f_Q (1 \pm v/v_L)$$

---

[1]Die Beschreibung einer genauen Umsetzung des Gesagten auf einen Elektromotor würde hier zu weit führen. Natürlich kann man das Prinzip eines Elektromotors auch mit herkömmlichen Methoden aus der klassischen Physik ableiten.

Blitzer

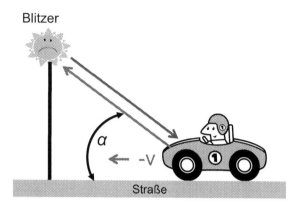

Abb. 6.2 Anwendung des optischen Doppler-Effektes beim Blitzer

Dabei ist v die Geschwindigkeit des Signaltones und v_L die Schallgeschwindigkeit. Das negative Vorzeichen steht für Annäherung der Signalquelle, das positive, wenn sie sich entfernt.

Es gibt aber auch einen optischen Dopplereffekt, dessen Wirkung (leider) viele kennen, Abb. 6.2. Bei diesem Effekt ändert sich die Lichtfrequenz, wenn das Licht f_Q einer ruhenden Lampe z. B. auf ein fahrendes Auto trifft und vom Auto wieder zur Lampe reflektiert wird. Als Licht wird ein Radarstrahl verwendet. Die Polizei kann dadurch im Empfänger des „Blitzers" die reflektierte Frequenz f_B messen und damit feststellen, ob man schneller als erlaubt gefahren ist.

Wie wir wissen, benötigt das Licht kein Ausbreitungsmedium. Die Lichtgeschwindigkeit c ist – unabhängig von irgendeiner Bewegung – immer konstant. Das Auto bewegt sich nun in einer Momentaufnahme mit $-v$ auf den Blitzer zu oder mit $+v$ vom Blitzer weg[2]. Weshalb braucht man eine Momentaufnahme? Weil sich das reflektierte Licht in einem Winkel α zur Straße auf den Blitzer zubewegt und sich in der nächsten Zeiteinheit der Winkel ändert. Bei einer Momentaufnahme ist der Winkel in einem „Augenblick" konstant. Diesen Winkel muss man auch noch berücksichtigen:

$$f_B = f_Q/(1 \pm v/c * \cos\alpha) * (1 - v^2/c^2)^{1/2}$$

---

[2]Normalerweise fährt man auf den Blitzer zu. Aber er kann auch die Geschwindigkeit messen, wenn er so ausgerichtet ist, dass man sich von ihm entfernt!

Es ist hier aber etwas komplizierter, um daraus die Geschwindigkeit zu berechnen als im akustischen Fall. Wenn der Winkel $\alpha = 0$ ist, dann spricht man vom *longitudinalen* optischen Doppler-Effekt. In diesem Fall müssen sich der Lichtstrahl und das Auto auf derselben Geraden bewegen. Falls $\alpha = 90°$ ist, handelt es sich um den *transversalen* optischen Doppler-Effekt. Er ist rein relativistisch.

Dies ist wieder ein praktisches Beispiel dafür, wie die SRT angewendet wird. Es gibt viele andere Anwendungen. So würden z. B. Beschleuniger von Elementarteilchen ohne die SRT überhaupt nicht funktionieren. Auch bei den früheren Fernsehgeräten, die noch Bildschirmröhren verwendeten, musste man die elektromagnetische Ablenkung des Elektronenstrahles relativistisch korrigieren. Andernfalls wäre das Bild unscharf und farbverschmiert geworden, s. Ref. [10].

6.4 Aberration

Die Aberration, Abb. 6.3, ist ein astronomischer Effekt. Wenn man einen fernen Stern beobachten will, dann muss man die Bewegung der Erde um die Sonne berücksichtigen. Denn das Sternenlicht kommt nicht senkrecht am Beobachter an, sondern wegen der Erdgeschwindigkeit v etwas versetzt um einen Winkel δ. Es gilt für den relativistischen Winkel

$$\tan \delta = d/1 = v/c/(1 - v^2/c^2)^{1/2}$$

Der klassische Wert der Aberration beträgt $\tan \delta = v/c$. Da $v = 30$ km/s sehr klein gegenüber $c = 300.000$ km/s ist, genügt es, wenn man „klassisch" rechnet.

Ein Beispiel: wenn das Fernrohr eine Länge 1 von 10 m hat, dann muss das Okular gegenüber dem Objektiv um $d = 1$ mm entgegen der Bahnrichtung der Erde verschoben werden. Die Erddrehung um sich selbst wird automatisch am Teleskop korrigiert.

6.5 Global Positioning System (GPS)

Es handelt sich dabei um ein automatisches System, mit dem man den Standort eines Fahrzeuges auf der Erde sehr genau bestimmen kann. Dies geschieht im Prinzip wie folgt. Ein in einer Erdumlaufbahn fliegender Satellit sendet Funksignale zu einem Empfänger im Fahrzeug, Abb. 6.4.

Das Signal ist mit einer Zeitmessung verbunden. Je nach Ort des Empfängers ändert sich die Laufzeit des Signals zum Empfänger, da die Entfernung von Auto und Satellit größer oder kleiner geworden ist. Mit einer Differenzmessung der

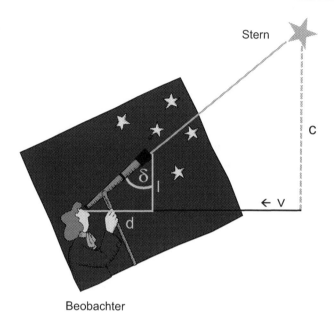

Beobachter

Abb. 6.3 Aberration

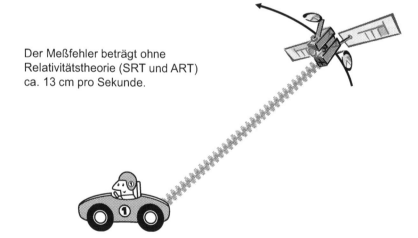

Der Meßfehler beträgt ohne
Relativitätstheorie (SRT und ART)
ca. 13 cm pro Sekunde.

Abb. 6.4 Änderung von Laufzeiten im Global Positioning System

Laufzeit kann man ziemlich genau den Standort und die Richtung, in der sich das Fahrzeug bewegt, bestimmen. Man benötigt allerdings mehr als nur einen Satelliten, damit man den Ort, die Geschwindigkeit und die Richtung des Autos auf der Erde eindeutig bestimmen kann. Aber uns soll es nur auf das Prinzip ankommen.

Jetzt kommen die SRT und sogar die ART ins Spiel. Der Satellit fliegt mit einer gewissen Geschwindigkeit und in einer bestimmten Höhe um die Erde. Dies bedeutet, dass man die SRT wegen der Geschwindigkeit des Satelliten berücksichtigen muss. Denn die Laufzeit erfährt eine kleine Zeitdilatation. Wir haben zwar gesagt, dass man relativistisch nur bei sehr großen Geschwindigkeiten rechnen muss. Aber wenn es um eine sehr hohe Genauigkeit bei der Ortsbestimmung geht, dann zeigt sich auch hier schon der Einfluss der SRT.

Es gibt jedoch noch einen anderen wichtigen Effekt, der mit der Gravitationskraft zusammenhängt. Der Satellit fliegt in einer bestimmten Höhe über der Erde. Der Unterschied der Gravitation zwischen Erde und Satellit führt ebenfalls zu einer Zeitdilatation, die man mit Hilfe von Einsteins Allgemeiner Relativitätstheorie (ART) berechnen kann. Im Gegensatz zur SRT berücksichtigt die ART auch noch Gravitationskräfte. Die Stärke der Gravitationskraft der Erde nimmt mit zunehmender Höhe zum Satelliten hin ab. Deshalb hat die Zeitdilatation der ART ein anderes Vorzeichen als die der SRT, sodass sich beide Zeitdilatationen etwas aufheben, aber nicht vollständig, s. Ref. [19]. Im Ergebnis beträgt der Unterschied von Satellitenzeit und Zeit auf der Erde:

$$\Delta t_s = \Delta t_E * \left(1 + 4{,}44 * 10^{-10}\right)$$

Dies ist zwar nur eine sehr kleine Abweichung von 1. Sie hat aber dennoch eine große Bedeutung. Wenn die Lichtgeschwindigkeit unendlich groß wäre, würde es keinen Laufzeitunterschied geben. Die Funksignale breiten sich aber, wie wir wissen, mit der endlichen Lichtgeschwindigkeit c aus. Während der kleinen Laufzeitabweichung hat sich das Auto aber etwas weiterbewegt. Wie groß ist diese Strecke? Sie ergibt sich, wenn man die kleine Zeitabweichung mit c multipliziert. Die nicht korrigierte Fahrzeugposition würde dann nach jeder Sekunde von der wahren Position um ca. dreizehn Zentimeter abweichen, nach einer Stunde um fast 500 m. Wie gut, dass es Einsteins SRT und ART gibt!

Damit man nicht immer die Korrektur berechnen muss, verstellt man einfach geringfügig die Frequenz, mit der die Funksignale gesendet werden. Es gibt noch weitere Effekte, mit denen die Laufzeit bzw. die Frequenz korrigiert werden muss. Sie sind jedoch noch kleiner als oben und sollen hier nicht weiter betrachtet werden.

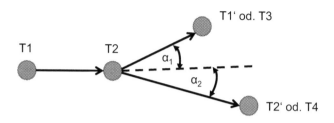

T1 bewegt sich, T2 ist in Ruhe
T1' und T2' Richtung nach dem Stoß
T3 und T4 sind neue Teilchen
T1 und T2 können auch Photonen sein

Abb. 6.5 Zusammenstoß zweier Teilchen T1 und T2

6.6   Zusammenstoß zweier Teilchen

Beim klassischen Billard treffen zwei gleiche Kugeln T1 und T2 aufeinander, von denen T2 zu Beginn ruht. Wir nehmen einen Idealfall an, bei dem der Zusammenstoß ohne eine Seitwärtsdrehung der Kugel erfolgt, s. Abb. 6.5. Dann gibt es drei Möglichkeiten:

- Beide Kugeln treffen zentral aufeinander. Dann bleibt Kugel T1 stehen und Kugel T2 läuft in die Anfangsrichtung der stoßenden Kugel weiter.
- Der Stoß ist nicht zentral. Dann bewegen sich beide Kugeln jeweils in einem bestimmten Winkel α_1 und α_2 zur Richtung der stoßenden Kugel weiter.
- Oder es wird beim Zusammenstoß ein Teil der Stoßenergie in Wärmeenergie umgesetzt, weshalb die Kugeln etwas von ihrer kinetischen Energie verlieren. Dieser Betrag ist bei den Geschwindigkeiten von Billardkugeln allerdings sehr klein. Die Bewegungsrichtung der Kugeln bleibt wie beim zentralen bzw. dezentralen Stoß unverändert.

Die ersten beiden Fälle bezeichnet man als elastischen Stoß. Beim dritten Fall handelt es sich um einen unelastischen Stoß. Wir können uns nun fragen, was bei den Stößen passieren würde, wenn die Billardkugeln fast Lichtgeschwindigkeit hätten. Dazu wollen wir uns nun mit dem Zusammenstoß zweier Teilchen unter relativistischen Gesichtspunkten befassen.

Die oben erwähnten Arten von Stößen gibt es auch bei Elementarteilchen wie Elektronen, Protonen und Neutronen. Sie besitzen alle eine Ruhemasse und sind die Grundbausteine der Atome. Aber auch ein Lichtteilchen (Photon) wird zu den Elementarteilchen gezählt. Diese Teilchen können in Beschleunigern erzeugt werden und ähnlich wie beim Billard aufeinanderprallen. Dies gilt auch für Photonen, wie man mit dem sogenannten Compton-Effekt nachweisen kann. Sobald Teilchen, die eine Ruhemasse besitzen, eine Geschwindigkeit erreicht haben, die nahe der Lichtgeschwindigkeit ist, kommt die SRT ins Spiel.

Bei den elastischen Stößen kann man die Winkel α_1 und α_2 messen, unter denen die Teilchen „gestreut" werden, wie man sagt. Man kann den Streuwinkel auch theoretisch mit der SRT berechnen. Experiment und Theorie stimmen sehr gut überein!

Nehmen wir an, T1 ist ein Photon mit der Frequenz ν. T2 ist ein Elektron mit der Ruhemasse m_0, das am Anfang ruht. Das Photon prallt auf das Elektron, das nach dem Stoß unter dem Winkel α_1 wegfliegt. Das Photon gibt einen Teil seiner Energie an das Elektron ab und verringert dadurch seine Frequenz zu. ν'. Die Formel für den Compton-Effekt lautet:

$$\nu' = \nu/(1 + h\nu/(m_0 c^2) * (1 - \cos\alpha_1))$$

h ist wieder das Planck'sche Wirkungsquantum. Den Winkel α_2, unter dem das Photon wegfliegt, kann man auch messen bzw. berechnen.

Bei unelastischen Stößen mit sehr großen Geschwindigkeiten passiert aber noch viel mehr. Die Energie, die Teilchen beim Zusammenstoß verlieren, kann dazu genutzt werden, dass zwei neue Elementarteilchen T3 und T4 entstehen. Auf diese Weise hat man festgestellt, dass Protonen und Neutronen nicht „unteilbar" sind, wie man lange Zeit annahm.

Und es geht noch weiter: wenn z. B. zwei Photonen aufeinanderstoßen, dann wandelt sich unter bestimmten Bedingungen ihre gesamte Energie in Teilchen mit Ruhemasse und kinetische Energie um: Photon + Photon = Elektron + Positron[3]. Die Energie, die die zwei Photonen mindestens zusammen haben müssen, um beim Zusammenprall ein Elektron-Positron-Paar erzeugen zu können, ist – wie man sich denken kann – die doppelte Ruhemasse eines der beiden Teilchen.

---

[3]Ein Positron ist im Gegensatz zum Elektron positiv geladen und hat dieselbe Masse wie das Elektron.

Umgekehrt können Elektronen und Positronen beim Zusammenprall auch wieder vollständig zerstrahlen. So hat man mithilfe der SRT tiefe Einblicke in unsere subatomare physikalische Welt bekommen.

6.7   Erzeugung von Röntgenstrahlung

Wir wollen noch ein praktisches Beispiel erwähnen, bei dem die Energie eines geladenen Teilchens, z. B. ein Elektron, in Röntgenstrahlung umwandelt wird. Röntgenstrahlung wurde bereits 1895 zufällig von Wilhelm Conrad Röntgen entdeckt, daher im Deutschen der Name (engl. X-Rays).

Elektronen werden in einer sogenannten Röntgenröhre erzeugt und stark beschleunigt. Beim Aufprall der Elektronen auf ein Metall, z. B. Kupferblech, werden die Elektronen abgebremst. Es entsteht dann Röntgenstrahlung mit einer bestimmten Energie, physikalisch „Bremsstrahlung" genannt. Die kinetische Energie der Elektronen wird dabei in die Photonenenergie der Röntgenstrahlung umgewandelt. Es gilt die Gleichung:

$$E_{\text{kin Elektron}} = E_{\text{Photon}} \text{ oder } eU = h\nu = hc/\lambda,$$

wobei e die Ladung eines Elektrons ist, U die Röhrenspannung, h das Planck'-sche Wirkungsquantum, ν die Photonenfrequenz und λ die Wellenlänge. Damit erscheint auch die Lichtgeschwindigkeit c in obiger Formel. Röntgenstrahlung dient seit Langem therapeutischen Zwecken und zur Untersuchung von Fehlern in Materialien.

6.8   SRT, Elektromagnetismus und Quantenmechanik

Jeder kennt natürlich Vorgänge, bei denen Licht, elektrische Ladungen, Magnete und deren Bewegungen eine Rolle spielen, z. B. elektrischer Strom, Glühlampe, Radio oder Elektromotoren. Seit 1888 gibt es von Maxwell eine wunderbare Theorie des Elektromagnetismus, in der auch die Lichtgeschwindigkeit vorkommt. Die Experimente, die zu dieser Theorie geführt haben, sind vorher von vielen anderen Physikern durchgeführt worden.

Wie verhält sich nun die Maxwell'sche Theorie gegenüber der SRT? Passt sie mit ihr zusammen oder gibt es Widersprüche, sodass sie modifiziert werden muss? Schließlich muss auch die Newtonsche Mechanik durch die SRT ersetzt werden, falls sich Objekte mit einer Geschwindigkeit nahe c bewegen.

Aber Einstein und Poincaré haben 1905 gezeigt, dass eine Modifikation der Maxwell'schen Theorie nicht erforderlich ist. Sie ist vollständig mit der SRT konsistent, was Maxwell zu seiner Zeit natürlich nicht wissen konnte. Die SRT gab es damals noch nicht. Insofern mag es ein glücklicher Zufall sein, dass beide Theorien so gut zusammenpassen.

Auch in die Theorie der Quantenmechanik ab 1925 (Schrödinger, Heisenberg, Born, Jordan) hat die SRT Einzug gefunden. Wenn man beide Theorien „kombiniert", dann erhält man die relativistische Quantenmechanik von Dirac (1928). Nimmt man noch die Elektrodynamik von Maxwell hinzu, dann erhält man die Quantenelektrodynamik (QED) von Feynman, Tomonaga und Schwinger ab 1940. Diese Theorien zählen neben Einsteins SRT und ART zu den wichtigsten physikalischen Theorien, aus denen noch viele andere hervorgegangen sind.

Aber es gibt auch einige auf den ersten Blick unerklärliche, ja zunächst sogar widersprüchliche Dinge bei der SRT. Diesen paradoxen Erscheinungen wollen uns nun zuwenden.

Paradoxa 7

7.1 Das Stab-Scheune-Problem – ein Paradoxon zur Längenkontraktion

Das Stab-Scheune-Paradoxon wird in der Literatur vielfach erwähnt. An diesem Kapitel kann man zweierlei Dinge gut erkennen: die Wirkung der Längenkontraktion und welche Rolle die Gleichzeitigkeit bei der Auflösung des Paradoxons spielt.

In unserem Beispiel, Abb. 7.1, trägt ein Läufer einen Stab von 20 m Länge und rennt mit beinahe Lichtgeschwindigkeit ($v = 0{,}866$ c) auf eine Scheune zu. Die Scheune hat eine Länge von 10 m. Aus Sicht eines Beobachters in der Scheune, ist aber der Stab wegen der Längenkontraktion auf 10 m verkürzt. Dies ergibt sich, wenn man in die Formel für die Längenkontraktion v und c einsetzt, s. Abschn. 2.3. Wenn beide Türen zunächst geöffnet sind, können sie *gleichzeitig* wieder geschlossen werden, wenn sich der Läufer mit seinem kontrahierten Stab vollständig in der Scheune befindet. Anders gesagt: der kontrahierte Stab passt vollständig in die Scheune und kollidiert nicht mit ihren Türen.

Der Läufer sieht den Vorgang aber ganz anders. Für ihn bleibt der Stab 20 m lang. Aber die Scheune bewegt sich mit -v auf ihn zu und verkürzt sich deshalb von 10 m auf 5 m. Beide Türen sind zunächst wie oben geöffnet. Wenn der Läufer mit der Vorderseite des Stabes die hintere Tür erreicht hat, kann diese geschlossen werden. Aber 15 m des Stabes müssen vorne außerhalb der Scheune bleiben. Die vordere Tür würde mit dem Stab kollidieren und kann deshalb nicht geschlossen werden.

Beide Sichtweisen widersprechen sich! Was stimmt denn nun, die erste oder die zweite? Die Antwort lautet zunächst: die erste ist richtig, die Argumentation

© Springer Fachmedien Wiesbaden GmbH, ein Teil von Springer Nature 2020
B. Sonne, *Spezielle Relativitätstheorie für jedermann*, essentials,
https://doi.org/10.1007/978-3-658-28549-4_7

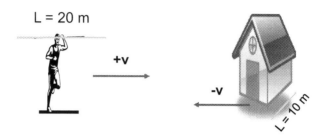

Abb. 7.1 Stab-Scheune-Paradoxon

bei der zweiten ist aber falsch. Denn die Situation im zweiten Fall muss anders, d. h. genauer, betrachtet werden, damit beide Türen geschlossen werden können und trotzdem keine Kollision zwischen Türen und Stab stattfindet.

Lösung a):
In Ref. [2] soll zu diesem Paradoxon die hintere Tür immer geschlossen bleiben, nachdem das vordere Ende des Stabes sie erreicht hat. Trotzdem kann auch die vordere Tür ohne Kollision geschlossen werden, sodass der Stab bei dieser Variante in die Scheune passt. Wie ist das möglich? Nun, der Stab stößt natürlich an die hintere Tür und versucht sich aber weiter zu bewegen. Deshalb wird der Stab von vorne Stück für Stück bis zu seinem hinteren Ende mechanisch zusammengestaucht. Bei Zusammenprall entsteht eine Schockwelle, wie bei einem Verkehrsunfall. Die Schockwelle läuft in einer gewissen Zeit vom vorderen Ende des Stabes bis sie das hintere Ende erreicht hat. Während dieser Zeit wird der Stab zusammengefaltet. Wenn man im Idealfall annimmt, dass sich die Schockwelle auch mit Lichtgeschwindigkeit ausbreitet[1], dann kann man ausrechnen, dass die Zeit des Zusammenstauchens ausreicht, damit der Stab weit genug zusammengedrückt wird, um in die verkürzte Scheune zu passen. Deshalb kann auch die hintere Tür geschlossen werden, und der Stab befindet sich wie im ersten Beispiel vollständig, wenn auch kaputt, in der Scheune.

Lösung b):
Bei dieser Variante (Ref. [10]) schließt zuerst die hintere Tür kurz bevor der Stab die Vorderseite erreicht hat. Sobald der Stab die hintere Tür erreicht hat, öffnet sie wieder. Die vordere Tür ist noch offen. Deshalb kann der Stab seine

---

[1]In Wirklichkeit breitet sie sich nur mit Schallgeschwindigkeit aus.

Bewegung durch beide Türen ohne Kollision fortsetzen. Sobald aber das hintere Ende des Stabes die vordere Tür passiert hat, kann sich die vordere Tür ebenfalls ohne Kollision schließen. Das Schließen und Öffnen der beiden Türen geschehen in diesem Fall zu unterschiedlichen Zeiten, also *nicht gleichzeitig,* da Gleichzeitigkeit relativ ist.

Wir haben gesehen, dass paradoxe Situationen immer aufgelöst werden können. Dabei kommt es nicht darauf an, was dabei passiert, sondern nur, dass es eine physikalisch mögliche Lösung gibt.

7.2 Skifahrer-Paradoxon – fällt man in eine Gletscherspalte oder nicht?

Dieses Paradoxon ist weniger bekannt. Es handelt wie im vorigen Kapital um ein Paradoxon zur Längenkontraktion, aber mit anderer Interpretation. Wir wollen zeigen, dass ein Skifahrer über eine große Gletscherspalte ohne Probleme fahren kann, sofern er nur schnell genug fährt, Abb. 7.2. Aber es gibt dabei auch die andere Betrachtungsweise, dass der Skifahrer trotz sehr schneller Fahrt dennoch in die Spalte fällt. Beide Aussagen widersprechen sich zunächst einmal.

Abb. 7.2 Skifahrer und Gletscherspalte

Bildquelle Gletscher: http://boltz-online.com/blog/archives/865.

Bildquelle Skifahrer: http://www.davbs.de/gruppen/skigruppe/programm/.

Die Länge der Skier soll aus seiner Sicht 2 m betragen. Wenn der Skifahrer ruht, misst ein ruhender Beobachter ebenfalls eine Länge von 2 m. Die Gletscherspalte soll 1 m breit sein. Die Geschwindigkeit des Fahrers soll nun so groß sein, dass die Längenkontraktion 10-fach ist. Dann sind aus Sicht des Beobachters die Skier nur 20 cm lang. Der Skifahrer kippt dann am Rand in die Spalte und fällt immer tiefer hinein. Aber der Skifahrer sieht seine Situation ganz anders. Für ihn ist die Spalte längenkontrahiert und deshalb nur 10 cm groß. Er meint deshalb, dass er sie locker überqueren kann. Denn die Länge seiner Skier beträgt aus seiner Sicht immer noch 2 m. Was stimmt denn nun? Wie kann man den vermeintlichen Widerspruch auflösen?

Lösung a):

Bei dieser Lösung (Ref. [9]) stimmt die erste Aussage (er fällt hinein), während die zweite bei genauerem Hinsehen nicht zutrifft. Wir nehmen an, dass die Skier magnetisch sind und sich am Boden der Spalte ein sehr starker Elektromagnet befindet. Sobald der Skifahrer an den Rand der Spalte gelangt, sieht der Beobachter, dass sich die Skier vorne nach unten verbiegen, da es in Wirklichkeit keine starren Körper gibt. Die Skier werden also, je weiter sie über den Rand der Spalte kommen, Stück für Stück nach unten verbogen, ohne an die gegenüberliegende Wand zu gelangen. Der Skifahrer fällt leider auch bei dieser Erklärung in die Spalte.

Lösung b):

Bei dieser vermutlich neuen Lösung des Autors polen wir den Elektromagneten um, sodass er abstoßend wirkt. Die magnetische Kraft wird so eingestellt, dass sich die Skier nicht verbiegen, sondern während der Fahrt über der Spalte schweben können. Der Beobachter stellt nun fest, dass der Skifahrer die Spalte immer unbeschadet überqueren kann. Bei dieser Erklärung stimmt die Aussage des Skifahrers.

Wir wiederholen noch einmal: es kommt bei der Auflösung eines Paradoxons nicht darauf an, ob sie technisch machbar ist, sondern nur, ob sie physikalisch möglich ist. Zitat (sinngemäß nach Ref. [2]):

„Solange die physikalischen Gesetze, die wir benutzen, selbstkonsistent und Lorentz-invariant sind[2], muss es eine Erklärung des Ergebnisses in jedem anderen

---

[2]Beide Eigenschaften treffen für die SRT und die Maxwell'sche Theorie zu.

Inertialsystem geben, obwohl die Erklärung in jedem System anders als im ersten aussehen kann".

Wie beim Stab-Scheune-Paradoxon, gibt es auch beim Skifahrer-Paradoxon zwei Lösungsmöglichkeiten. Im Unterscheid dazu, liefert das als nächstes beschriebene Zwillingsparadoxon in der SRT nur eine Lösung.

7.3 Zwillingsproblem – ein Paradoxon zur Zeitdilatation

Über dieses wohl berühmteste Paradoxon, das Zwillingsparadoxon, wird schon seit über einhundert Jahren immer wieder heftig diskutiert. Worum geht es dabei? Ein Zwilling bleibt in Ruhe auf der Erde, der andere fliegt in einem Raumschiff sehr schnell mit konstanter Geschwindigkeit weg und kehrt nach einiger Zeit wieder auf die Erde zurück, Abb. 7.3. Aus Sicht des Zwillings auf der Erde vergeht für ihn auf Grund der relativistischen Zeitdilatation mehr Zeit als in dem Raumschiff, d. h. der reisende Zwilling ist weniger gealtert als sein zurückbleibender Zwilling.

Da aber Bewegungen relativ sind, wie wir wissen, fliegt aus Sicht des reisenden Zwillings die Erde mit konstanter Geschwindigkeit weg und wieder auf ihn zu. Also schließt er, dass der zurückbleibende Zwilling langsamer gealtert ist als er. Das ist natürlich paradox und ein deutlicher Widerspruch zu der ersten Feststellung. Wer hat denn nun recht? Wie wird das Paradoxon aufgelöst? Wir werden sehen, dass es hier mit der SRT nur eine einzige Lösung gibt.

Wir machen es noch etwas spannender und sehen uns zunächst die Abb. 7.4 an. Der Zwilling im Raumschiff befindet sich in seinem System S'. Er bewegt sich dort nicht im Raum (x' ist immer 0), aber seine Uhr (Eigenzeit) läuft immer weiter (t' wird immer größer). Im System S der Erde bewegt sich das Raumschiff im Raum x und in der Zeit t.

Die Reise des Raumschiffes in Raum und Zeit besteht aus mehreren Abschnitten, Abb. 7.4. Wie man sieht, sind diese nicht symmetrisch für beide Zwillinge. Während sich der eine Zwilling auf der Erde in Ruhe befindet, wird das Raumschiff mit dem anderen zunächst beschleunigt. Nach Abschaltung der Triebwerke fliegt es mit konstanter Geschwindigkeit weiter. Später wird das Raumschiff wieder bis zum Umkehrpunkt (örtlich D, zeitlich U) abgebremst. Für die gesamte Zeitdauer der Hinreise gilt diese Formel:

$$\Delta\tau_{S'} = 2(c/g)ar\sinh(\Delta_1 tg/c) + \Delta_2 t\sqrt{(1-(v/c)^2)}$$

Abb. 7.3 Zwillingsparadoxon

c ist wieder die Lichtgeschwindigkeit. g im ersten Term ist die Beschleunigung. $\Delta\tau_{S'}$ ist die Eigenzeit des reisenden Zwillings, $\Delta_1 t$ und $\Delta_2 t$ sind die Zeiten der einzelnen Reiseabschnitte (Beschleunigung bzw. konstante Geschwindigkeit) von der Erde aus gesehen. Phase 3 ist genauso groß wie Phase 1. Die Funktion *arsinh* ist die Umkehrfunktion von *sinh*. Die Beschleunigungsphase und die Bremsphase sollen gleich lang sein, daher der Faktor 2.

Anschließend findet analog die Rückreise statt. Sie dauert genauso lange wie die Hinreise. Der Zwilling im Raumschiff merkt die Beschleunigung und den Bremsvorgang. Für den Zwilling auf der Erde trifft dies nicht zu. Genau in diesem Punkt liegt die Asymmetrie der Reise. Selbst wenn die Beschleunigungs- und Abbremsphase gegenüber der Phase mit konstanter Geschwindigkeit nur von sehr kurzer Dauer ist, ändert sich nichts an der Asymmetrie.

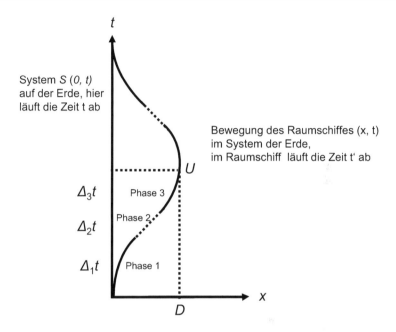

Abb. 7.4 Bewegungsablauf des Raumschiffes

Symmetrisch ist für beide Zwillinge der Vorgang nur, wenn sie sich im mitt-
leren Reiseabschnitt jeweils aus ihrer Sicht mit konstanter Geschwindigkeit
bewegen. Dies ist der zweite Term in obiger Gleichung. Wir erinnern uns an das
Beispiel mit dem Wagen, wo man die Uhrzeiten vertauschen konnte, was paradox erschien. Die nur für den im Raumschiff befindlichen Zwilling auftretende
Beschleunigungs- und Abbremsphase ist der Grund dafür, dass er tatsächlich nach
seiner Rückkehr jünger ist als der andere, s. Ref. [10].

Nun gibt es oft ein Argument, dass angeblich gegen die Auflösung spricht:
es sei gar nicht zulässig, beschleunigte Bewegungen mit der SRT zu rechnen, da mit ihr nur Inertialsysteme behandelt würden. Dieses Argument ist
leider nichtzutreffend. Wir haben im Abschn. 2.3 gesehen, dass man mithilfe
der Lorentz-Transformation auch beschleunigte Bewegungen von Objekten
behandeln kann.

Jetzt kann man noch argumentieren, dass Beschleunigung und Abbremsung
den Gang der Uhr im Raumschiff beeinflussten könnten, da sich die Uhr in diesen
Phasen nicht mit konstanter Geschwindigkeit bewegt. Dazu lässt sich Folgendes

sagen: man kann die Beschleunigungsphase in einzelne kleine Teile so zerlegen, dass jedes Teil *momentan* eine konstante Geschwindigkeit hat.

Wenn wir aber die Bewegung der Erde betrachten, wie sie sich aus Sicht des Raumfahrers darstellt, dann müssen wir die Allgemeine Relativitätstheorie (ART) heranziehen. Denn die Erde bewegt sich am Anfang und Ende der Reise für den Raumfahrer wie ein Fallschirmspringer im *freien Fall*. Er kann von seinem System aus nicht die Bewegung der Erde mit der SRT berechnen. In Ref. [10] wird das Zwillingsparadoxon auch explizit mit der ART berechnet. Das Ergebnis ist dasselbe wie mit der SRT: nur der reisende Zwilling ist nach seiner Rückkehr jünger als der andere!

Zeitreisen, ein Ding der Unmöglichkeit? 8

8.1 Reisen in die Zukunft

Wo wir schon bei Raumfahrern angelangt sind, ergibt sich zwangsläufig das Thema Zeitreisen, das wir jetzt kurz erwähnen wollen. Wie oft hat man sich schon gewünscht: wenn ich in meine frühere Zeit zurückreisen könnte, würde ich manches anders machen. Oder wenn ich in die Zukunft reisen könnte, dann würde ich sehen, was mich in meinem späteren Leben alles erwartet. Sind also Zeitreisen möglich? In Science-Fiction-Romanen sind sie kein Problem. Man baut sich eine Zeitmaschine und je nachdem welchen Schalter man betätigt, reist man in die Vergangenheit oder in die Zukunft.

Wir unterscheiden zunächst zwischen den technischen Möglichkeiten, den mathematischen Lösungen, die uns die Relativitätstheorien liefern, und den physikalischen Gegebenheiten.

Technisch gesehen ist es zumindest prinzipiell denkbar, dass man eines Tages so viel Energie in einem Raumschiff zur Verfügung hat, um über lange Zeit fast mit Lichtgeschwindigkeit zu fliegen. Das Thema Überlichtgeschwindigkeit vergessen wir lieber. Denn Überlichtgeschwindigkeit ist nach der SRT für materielle Körper nicht möglich. Es sei denn, man verfügt zum Beispiel über imaginäre Massen, die aber noch niemand gefunden hat.

Interessant ist es, wenn man die Zeitdilatation und Längenkontraktion bei Reisen betrachtet. Nehmen wir an, man fliegt mit beinahe Lichtgeschwindigkeit zum Alpha Centauri, unserem nächst gelegenen Stern. Er ist 4,4 Lichtjahre von uns entfernt[1]. Das Raumschiff soll zunächst mit der Erdbeschleunigung

---

[1]Ein Lichtjahr ist die Entfernung, die das Licht in einem Jahr zurücklegt. Das sind etwa 9,5 Billion Km.

© Springer Fachmedien Wiesbaden GmbH, ein Teil von Springer Nature 2020
B. Sonne, *Spezielle Relativitätstheorie für jedermann,* essentials,
https://doi.org/10.1007/978-3-658-28549-4_8

g beschleunigt werden. Dann hat es von der Erde aus gesehen nach einem Jahr fast Lichtgeschwindigkeit erreicht. Es fliegt dann mit konstanter Geschwindigkeit 2,4 Jahre weiter, bevor es wieder ein Jahr lang abgebremst wird. Dann beträgt die auf der Erde für das Raumschiff berechnete Reisezeit für den Hinweg $2 + 2,4 = 4,4$ Jahre. Man kann ausrechnen, dass auf der Uhr des Astronauten aber nur 3,46 Jahre vergangen sind. Insofern ist er um fast ein Jahr weniger gealtert als ein Erdbewohner. Es zeigt sich auch, dass er für seine zurückgelegte Distanz statt der 4,4 Lichtjahre nur 2,53 Lichtjahre berechnet hat, Ref. [10].

Noch gravierender werden die Unterschiede, wenn man ins Zentrum unserer Milchstraße fliegen würde. Das Zentrum ist 30.000 Lichtjahre von uns entfernt. Man würde nach irdischer Zeitrechnung mindestens 30.000 Jahre benötigen, um dort hinzugelangen. Der Raumfahrer aber würde nach seiner Zeitrechnung nur etwa 20 Jahre und keine 30.000 benötigen. Das sieht ja ganz gut für ihn aus, wenn da nicht das Problem mit dem Treibstoff und der Verpflegung wäre. Denn schon die Treibstofflast müsste selbst bei 100 % Wirkungsgrad neunhundert Millionen mal so groß wie die Masse der leeren Rakete sein. Zum Alpha Centauri wäre es das Zwanzigfache. Da muss man sich schon etwas einfallen lassen, um solche Reisen unternehmen zu können.

Mathematisch sehen Zeitreisen ganz gut aus. Sowohl nach der SRT als auch nach der ART sind Zeitreisen in die Zukunft ohne Widersprüche möglich.

8.2   Reisen in die Vergangenheit

Auch in die Vergangenheit kann man mathematisch gesehen ohne Probleme mit SRT und ART reisen, ja mit der ART sogar in eine andere Welt als die unsrige, Stichwort „Einstein-Rosen-Brücke", besser bekannt unter Kip Thornes Begriff „Wurmloch". Beide Welten sind dabei – bildlich gesprochen – über ein Loch verbunden, in dem extreme Gravitationskräfte herrschen.

Aber jetzt kommt das physikalische Aber! Hier tun sich gleiche mehrere unüberwindbare Gräben auf. Auch beim Wurmloch müssten wir negative Energien zur Verfügung haben, um von den Gravitationskräften nicht zerquetscht zu werden. Negative Energien hat jedoch noch niemand erzeugt. Der wichtigste Punkt, der gegen Reisen in die Vergangenheit spricht, ist eine Verletzung des Kausalitätsprinzips. Was ist das? Unter Kausalität im physikalischen Sinne versteht man die Tatsache, dass eine Wirkung nicht vor ihrer Ursache stattfinden kann. Ein fliegender Ball kann erst auf die Erde auftreffen, *nachdem* er geworfen wurde und nicht umgekehrt.

Übertragen auf die Zeitreise in die Vergangenheit bedeutet Kausalität im Extremfall, dass man nicht vor den Zeitpunkt zurückkreisen kann, vor dem man gezeugt wurde, Stichwort „Großvater-Paradoxon". Bei diesem oft beschriebenen und etwas makabren Paradoxon reist jemand in die Vergangenheit und tötet seinen Großvater, bevor dieser den Vater oder die Mutter des Reisenden überhaupt gezeugt hat. Das geht natürlich nicht, da der Reisende in diesem Fall gar nicht existieren könnte.

Eine Reise in die Vergangenheit ist also nur dann erlaubt, wenn man die damalige Welt nicht verändert, also keinen Einfluss auf sie hat. Aber schon durch die bloße Anwesenheit hat man die Welt verändert. Denn sie befindet sich nicht mehr in dem Zustand, wie sie vor der Ankunft des Zeitreisenden war. Eine Abhilfe könnte eine Reise durch das Wurmloch sein. Aber dann befänden wir uns in einer anderen Welt und nicht mehr in unserer ursprünglichen.

Jetzt stellen wir uns noch folgende Situation vor. Der reisende Zwilling kommt erst dann zurück, wenn der andere bereits nach seiner irdischen Zeit (z. B. 80 Jahre) verstorben ist. Nach der Uhr des Rückkehrers sind für ihn aber nur 40 Jahre vergangen. Dann hätte er noch 40 Jahre vor sich. Insgesamt hätte er auch ein Alter von 80 Jahren erreicht Er würde aber gegenüber dem verstorbenen noch weit in der Zukunft leben. Jetzt stellt sich aber sofort folgende Frage: wird der reisende Zwilling auch biologisch gesehen jünger oder altert er während seiner Reise in Wirklichkeit genauso wie der andere Zwilling?

Darüber gibt es unter Physikern verschiedene Ansichten. Zum einen kann man sagen, dass die relativistische Verjüngung nichts mit dem biologischen Altern zu tun hat. Auf der einen Uhr ist zwar weniger Zeit vergangen als auf der anderen. Aber biologisch hat dies keinen Einfluss. Diesem Argument kann man aber entgegenhalten, dass alle physiologischen Prozesse im Körper auf physikalische Vorgänge zurückzuführen sind und sich deshalb auch verlangsamen. Welche Auswirkungen die Reisen bei relativistischen Geschwindigkeiten auf den Körper aus medizinischer Sicht haben, steht dabei auf einem anderen Blatt. Dennoch bleibt die Frage: gibt es einen Zusammenhang zwischen der physikalischen und biologischen Zeit? Ob jemand diese Frage beweiskräftig beantworten kann, ist dem Autor leider nicht bekannt. Das oben in Abschn. 3.3 erwähnte Experiment bezieht sich nur auf Atomuhren.

8.3 Reisen schneller als die Lichtgeschwindigkeit?

Wie wir in Kap. 5 gelesen haben, wird die Masse eines Körpers umso größer, je schneller er sich bewegt: $m = m_0/(1 - v^2/c^2)^{-1/2}$. Wenn also $v = c$ wäre, dann wäre die Masse unendlich groß. Dies bedeutet, dass ein Körper niemals die Lichtgeschwindigkeit erreichen kann. Also jemanden auf einen anderen Stern mit Lichtgeschwindigkeit zu „beamen" ist unmöglich!

Jetzt hat man aber vielleicht einmal schon den Begriff „Tachyonen" gelesen. Dabei handelt es sich um Teilchen, die sich angeblich schneller als die Lichtgeschwindigkeit bewegen sollen. Wie wir oben in der Formel für die Masse erkennen, würde die Wurzel dann negativ werden und damit die Masse imaginär. Mathematisch ist dies zwar möglich und widerspricht nicht der SRT. Aber ein Teilchen mit einer imaginären Masse hat noch niemand entdeckt.

Allerdings ist es möglich, dass sich ein Teilchen schneller als die Lichtgeschwindigkeit bewegt, sofern sich das Teichen in einem Medium, z. B. in einem Gas befindet. In einem Gas ist die Lichtgeschwindigkeit kleiner als im Vakuum. Ein geladenes Teilchen, z. B. ein Elektron, bewirkt, dass dann die Gasatome in Form eines Lichtkegels strahlen. Dieser Effekt ist auch nachgewiesen und heißt Tscherenkow-Strahlung, benannt nach einem russischen Physiker.

8.4   Änderung des Aussehens von schnell bewegten Körpern

Wir kommen jetzt zu einem Phänomen, dass sich mit der Änderung der Körpereigenschaften befasst, sofern sich ein Körper mit einer Geschwindigkeit nahe der Lichtgeschwindigkeit bewegt. Diese Eigenschaften sind Masse eines Körpers sowie seine Geometrie.

Wir haben oben erwähnt, dass sich nicht nur die Masse, sondern auch die äußere Gestalt (Geometrie) eines Körpers bei sehr hoher Geschwindigkeit ändert. Ursache dafür ist die Längenkontraktion. Eine außenstehende Beobachterin sieht eine sich mit zunehmender Geschwindigkeit verändernde Gestalt, bis hin zu einer Drehung, Abb. 8.1 Drehung schnell bewegter Körper! In Internet gibt es viele sehr schöne Animationen dazu in Ref. [20].

Die Beobachterin sieht direkt auf den Würfel, der sich mit v bewegt. Dann bemerkt sie eine Aberration nach Abschn. 6.4. Dort bewegte sich die Erde, hier ist es umgekehrt, der Würfel bewegt sich. Und gleichförmige Bewegungen sind relativ. Zusätzlich wird die Länge L verkürzt zu L1, und die Frontfläche wird deshalb kleiner als F1 (Längenkontraktion). Zusätzlich sieht sie jetzt die Länge L2 und auch die Fläche F2. Die beiden α-Winkel sind gleich groß.

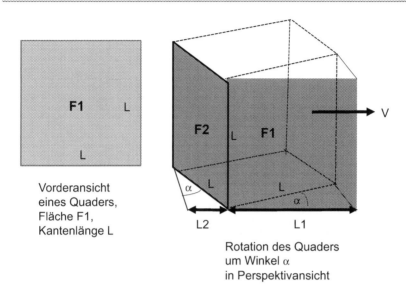

Vorderansicht
eines Quaders,
Fläche F1,
Kantenlänge L

L2   L1

Rotation des Quaders
um Winkel α
in Perspektivansicht

Abb. 8.1 Drehung schnell bewegter Körper

Zusammenfassung der Speziellen Relativitätstheorie

9

Wir fassen jetzt noch einmal alle Begriffe und Informationen, die zur SRT geführt haben und die sich aus ihr ableiten lassen, zusammen:

- Die Lichtgeschwindigkeit ist eine absolute Größe, die sich beim Wechsel von einem in das andere Bezugssystem nicht ändert, wie sich aus dem Experiment von Michelson und Morley ergeben hat.
- Inertialsysteme sind Bezugssysteme von Objekten, die sich relativ zueinander mit einer konstanten Geschwindigkeit bewegen. In allen Inertialsystemen gelten dieselben physikalischen Gesetze.
- Die Lorentz-Transformation sorgt dafür, dass die Konstanz der Lichtgeschwindigkeit beim Übergang von einem zum anderen Inertialsystem berücksichtigt wird. Wege und Zeiten ändern sich bei Anwendung der Lorentz-Transformation,
- Raum und Zeit sind nach Einstein relativ und unmittelbar miteinander verbunden
- Gleichzeitig sind zwei oder mehrere Ereignisse nur dann, wenn sie zu einem festen Zeitpunkt an demselben Ort befinden. Andernfalls sind die Zeitmessungen vom Bewegungszustand und vom Ort abhängig, an dem sich die Ereignisse befinden. Deshalb benötigt man eine Vorschrift, wie man Uhren synchronisieren kann. Die geschieht mithilfe der konstanten Lichtgeschwindigkeit.
- Einstein unterscheidet zwischen Eigenzeit und Koordinatenzeit. Die Eigenzeit wird im eigenen Bezugssystem gemessen. Die Koordinatenzeit, die im anderen Bezugssystem abläuft, kann vom eigenen aus berechnet werden.

© Springer Fachmedien Wiesbaden GmbH, ein Teil von Springer Nature 2020
B. Sonne, *Spezielle Relativitätstheorie für jedermann*, essentials,
https://doi.org/10.1007/978-3-658-28549-4_9

- Ein Raum-Zeit-Koordinatensystem ist ein vierdimensionales Koordinatensystem, bei dem zu den drei räumlichen Koordinaten als zusätzliche Komponente die Zeit verwendet wird. Eine sehr kleine (infinitesimale) Strecke in diesem Koordinatensystem wird als Linienelement bezeichnet.
- Die Äquivalenz von Masse und Energie besagt, dass Masse und Energie prinzipiell dasselbe sind.
- Aus der SRT ergeben sich einige scheinbar widersprüchliche Sachverhalte (Paradoxa) wie z. B. das Zwillingsparadoxon, die sich alle widerspruchsfrei auflösen lassen.
- Zeitreisen in die Zukunft und Vergangenheit sind mathematisch möglich, technisch aber wahrscheinlich nicht. Physikalisch kann man nur in die Zukunft reisen. Reisen in die Vergangenheit widersprechen physikalisch dem Kausalitätsprinzip. Und schneller als mit Lichtgeschwindigkeit, kann man leider nicht reisen.
- Schnell bewegte Körper verändern ihre Gestalt.

Die SRT befasst sich nur mit Inertialsystemen, also mit Koordinatensystemen, die sich mit konstanter Geschwindigkeit zueinander bewegen. Das schließt nicht aus, das in diesen Systemen auch die Bewegung von beschleunigten Objekte beschrieben werden kann.

Wenn jedoch Gravitationskräfte im Spiel sind, dann genügt die SRT nicht, da sie keine Beschreibung der Gravitation enthält. Dazu wird Einsteins ART benötigt. Das Prinzip, wie diese Theorie funktioniert, wird in dem *essential* des Autors über die ART beschrieben, Ref. [11].

Deshalb sei dazu ein mit Goethe kombiniertes Wort des Autors erlaubt:

Die Natur ist ein andauernder und unerschöpflicher Gegenstand
der Forschung,
„....daß ich erkenne, was die Welt im Innersten zusammenhält....“[1].

Aufgabe von WissenschaftlerInnen ist es, die Natur
zu begreifen und zum Wohle des Menschen zu erhalten.

---

[1]Goethes Faust hatte sich im Rahmen dieses Zitates der „Magie ergeben“. Für manche Leserinnen und Leser ist Physik vielleicht auch so etwas wie „Magie“, muss es aber nach Ansicht des Autors nicht für immer bleiben.

Einsteins Werke 10

Zu Beginn des *essentials* wurde erwähnt, dass Einstein wohl der bedeutendste Physiker des zwanzigsten Jahrhunderts war. Es waren nicht nur die unverstandenen Effekte, die er mit den Relativitätstheorien erklären konnte, sondern auch die Vorhersagen, die sich daraus ergaben. Wir haben sie in diesen Essentials beschrieben.

Aber Einstein hat noch andere bedeutende wissenschaftliche Arbeiten verfasst. Für seine 1905 veröffentlichte Arbeit, in der er den lichtelektrischen Effekt (Photoeffekt) postulierte, bekam er 1922 den Nobelpreis. Heute kennt jeder diesen Effekt, obwohl es der Allgemeinheit kaum bewusst ist, dass Einstein dahintersteckt. Der Belichtungsmesser in einem Fotoapparat arbeitet nach diesem Prinzip. Wenn Licht mit einer bestimmten Energie auf ein geeignetes Material trifft, dann werden Elektronen in diesem Material praktisch frei beweglich. Elektronen sind elektrische geladene Teilchen, die, wenn sie bewegt werden, einen Strom erzeugen. Diesen Strom kann man messen. Die Stärke des Stromes, ist dann ein Maß dafür, wie viel Lichtenergie einfällt, d. h. wie hell es für die Belichtung eines Filmes oder eines anderen Materials ist.

Ebenfalls aus dem Jahre 1905 stammen noch vier weitere Arbeiten von Einstein. Zwei davon, nämlich „Über die Elektrodynamik bewegter Körper" und „Ist die Trägheit eines Körpers von seinen Energieinhalt abhängig?" führten zur SRT. Die anderen zwei befassen sich mit der Berechnung von Moleküldimensionen und der Erklärung der Brownschen Molekularbewegung. Einstein konnte damit das bis dahin nur vermutete Atommodell belegen.

Einsteins wohl größte und berühmteste Theorie ist die Allgemeine Relativitätstheorie, mit der er 1915 das physikalische Weltbild über dreihundert Jahre nach Newton revolutionierte. Er postulierte u. a., dass eine Beschleunigungskraft äquivalent mit einer Gravitationskraft ist. Der mathematische Formalismus ist

© Springer Fachmedien Wiesbaden GmbH, ein Teil von Springer Nature 2020
B. Sonne, *Spezielle Relativitätstheorie für jedermann,* essentials,
https://doi.org/10.1007/978-3-658-28549-4_10

allerdings sehr schwer, sodass zu seiner Zeit ihn kaum jemand verstanden hat. Inzwischen sind jedoch viele Vorhersagen, die sich hauptsächlich mit unserem Universum befassen, experimentell bestätigt worden.

Aber das war noch nicht alles, was Einstein wissenschaftlich auszeichnet. Im Jahre 1917 veröffentlichte er eine Arbeit, die sich mit der Lichtverstärkung durch angeregte Strahlungsemission befasste. Das ist ein quantenmechanischer Effekt, den wir heute unter dem Begriff Laser[1] kennen. Es hat allerdings über dreißig Jahre gedauert, bis man den Laser technisch realisieren konnte. Heute benutzen wir CDs und DVDs, auf die Informationen mit Hilfe von Laserlicht geschrieben werden. Ohne Einstein wäre dies nicht möglich.

Schließlich war Einstein auch an einem Patent, dass sich mit einem Kreisel-kompass befasste, beteiligt. Nach der prinzipiellen Funktionsweise arbeitet auch heute noch ein Kreiselkompass.

Aber Einstein war in gewisser Weise – wissenschaftlich gesehen – auch eine tragische Person, wenn man das so sagen darf. Obwohl er zu sehr vielen neuen Erkenntnissen über die Quantentheorie beigetragen hat – wir haben oben den Photoeffekt erwähnt – konnte er sich zeitlebens nicht mit der Quantentheorie anfreunden. In der Quantentheorie hat man es mit Wahrscheinlichkeiten zu tun, nach denen einige Naturgesetze ablaufen. Einstein vertrat aber die Auffassung, dass die Physik deterministisch sein müsse, also exakte räumliche und zeitliche Abläufe behandelt, so wie auch seine SRT und ART aufgebaut sind. Dies ist aber bei der Quantentheorie nicht möglich. Bis heute ist es allerdings auch noch nicht gelungen, die ART mit der Quantentheorie in einem gemeinsamen mathemati-schen und physikalischen Konzept zu verbinden. Lassen wir Einstein selbst zu Wort kommen:

Falls Gott die Welt geschaffen hat, war seine
Hauptsorge sicher nicht, sie so zu machen,
dass wie sie verstehen können.
Albert Einstein

---

[1]Light amplification by stimulated emission of radiation.

Was Sie aus diesem *essential* mitnehmen können

- Zunächst werden Sie mitnehmen, dass Raum und Zeit *relativ* sind und untrennbar zusammengehören.
- Und das die Lichtgeschwindigkeit (im Vakuum) immer und überall konstant, also eine *absolute* Größe ist.
- Sie wissen nun, dass mit Einsteins Spezieller Relativitätstheorie experimentelle Erscheinungen *ohne* die sogenannte „Äthertheorie" erklärt werden können.
- Mit nur zwei Prinzipien hat Einstein seine Spezielle Relativitätstheorie aufgebaut. Sie sind sehr einfach und plausibel.
- Sie werden in der Lage sein, diese Prinzipien und Folgerungen auch anderen Personen erklären zu können.
- Sie haben zwei Zeitbegriffe kennengelernt, die Eigenzeit und die Koordinatenzeit.
- Sie wissen jetzt auch, was ein Raum-Zeit-Koordinatensystem ist.
- Die theoretischen Erkenntnisse haben zu vielen praktischen Beispielen geführt, so z. B. zu Ihrem GPS.
- Die Konstanz der Lichtgeschwindigkeit wird seit Kurzem auch zur Definition des Meters herangezogen.
- Sie können über die Auflösung einiger Paradoxa, die sich aus der Theorie ergeben, erstaunt sein und sie auch verstehen.
- Eine der wichtigsten und berühmtesten Gleichungen ist $E = mc^2$, also die Äquivalenz von Energie und Masse. Sie unterscheiden sich nur durch die konstante Lichtgeschwindigkeit.
- Wenn Sie den Anhang gelesen haben, wissen Sie, wie man die Gleichung beweisen kann.

© Springer Fachmedien Wiesbaden GmbH, ein Teil von Springer Nature 2020   53
B. Sonne, *Spezielle Relativitätstheorie für jedermann,* essentials,
https://doi.org/10.1007/978-3-658-28549-4

Anhang

Diese wohl berühmteste Gleichung der Physik $E = m * c^2$ haben wir bereits kennengelernt. Wir wollen sie hier mit Schulmathematik (Differential- und Integralrechnung) herleiten.

Sei m_0 die Ruhemasse also die Masse eines Objektes, das sich nicht bewegt. Dieses Objekt soll nun in x-Richtung mit der Beschleunigung a beschleunigt werden. Dann beträgt die Beschleunigung a' im System des Objektes gemäß der Gleichung (s. Abschn. 2.3).

$a' = \gamma^3 a$ wobei $\gamma = 1/(1 - v^2/c^2)^{1/2}$ ist und a = dv/dt, v = dx/dt.

Die Kraft ist Masse mal Beschleunigung, also $K = m_0 a'$

Der Zuwachs der kinetischen Energie dE_{kin} entlang eines Wegelementes dx ist dE_{kin} = Kdx. Sie beträgt nach Einsetzen von K und a'

$$dE_{kin} = Kdx = K \cdot dx/dt \cdot dt = m_0 \gamma^3 dv/dt \cdot v \cdot dt = m_0 \gamma^3 \cdot vdv$$

Die Integration nach v ergibt dann

$$E_{kin} = \int_0^v m_0 (1 - (v/c)^2)^{-3/2} \cdot vdv = m_0 c^2 (1 - (v/c)^2)^{-1/2} - m_0 c^2$$

Dabei ist $E_0 = m_0 c^2$ die *Ruhe*energie, die jedes Objekt besitzt (außer dem Licht!), auch wenn sich das Objekt nicht bewegt. Je größer die Geschwindigkeit wird, desto größer wird die *bewegte* träge Masse m = $m_0 (1 - (v/c)^2)^{-1/2}$

Die Gesamtenergie E ist dann kinetische Energie plus Ruheenergie.

$$E = E_{kin} + E_0 = mc^2$$

Im Newton'schen Grenzfall $c = \infty$ erhalten wir für E_{kin} mit Entwicklung der Wurzel bis zur 1. Ordnung die bekannte Formel für die kinetische Energie

© Springer Fachmedien Wiesbaden GmbH, ein Teil von Springer Nature 2020
B. Sonne, *Spezielle Relativitätstheorie für jedermann*, essentials,
https://doi.org/10.1007/978-3-658-28549-4

$$E_{Kin} = mv^2/2$$

Das Licht selbst hat zwar keine Ruhemasse und damit auch keine Ruheenergie. Aber es bewegt sich mit Lichtgeschwindigkeit und hat gemäß der quanten-mechanischen Beziehung, die auch von Einstein entdeckt wurde, die Energie.

$$E_{Licht} = h\nu$$

Dabei ist *h* das Planck'sche Wirkungsquantum, ν die Lichtfrequenz. Man kann deshalb dem Licht eine (bewegte) Masse zuordnen: $m_{Licht} = h\nu/c^2$, die in der SRT und auch in der ART verwendet wird.

Literatur

Lehrbücher und Fachartikel

1. C. Møller "The Theory of Relativity", Clarendon Press, Oxford, 1972
2. W. Rindler "Relativity", Oxford University Press, New York, 2006
3. R. d'Iverno "Einführung in die Relativitätstheorie, VCH-Verlag, Weinheim, 1995
4. J. Bailey et. al. "Final report on the CERN muon storage ring including the anomalous magnetic moment and the electric dipole moment of the muon, and a direct test of relativistic time dilation", Nuclear Physics B, Vol. 150, S. 1–75, 1979 http://de.arxiv.org/abs/gr-qc/9909054
5. Dan Schroeder "Purcell Simplified: Magnetism, Radiation and Relativity" http://physics.weber.edu/schroeder/mrr/MRRhandout.pdf
6. http://en.wikibooks.org/wiki/Special_Relativity/Simultaneity,_time_dila-tation_and_length_contraction
7. C. Will "Theory and Experiment in Gravitational Physics", Cambridge Univ. Press, 1993
8. H. Goenner „Einführung in die spezielle und allgemeine Relativitätstheorie", Spectrum Akad. Verlag, 1996
9. E. Rebhan „Theoretische Physik: Relativitätstheorie und Kosmologie", Springer, Heidelberg, 2012

Sachbücher

10. B, Sonne, R. Weiß „Einsteins Theorien – Spezielle und Allgemeine Relativitätstheorie für interessierte Einsteiger und zur Wiederholung", Springer Spektrum, Heidelberg, 2013
11. B. Sonne „Allgemeine Relativitätstheorie für jedermann", 2. Auflage, Wiesbaden: Springer Spektrum, Heidelberg, 2018
12. A. Einstein „Über die spezielle und allgemeine Relativitätstheorie", Vieweg, Braunschweig, 1917

© Springer Fachmedien Wiesbaden GmbH, ein Teil von Springer Nature 2020
B. Sonne, *Spezielle Relativitätstheorie für jedermann*, essentials,
https://doi.org/10.1007/978-3-658-28549-4

13. [13] H. Moritz, B. Hofmann-Wellenhof "Geometry, Relativity, Geodesy", Wichmann, Karlsruhe, 1993
14. J. Stachel (Hrsg.) „Einsteins Annus mirabilis" Fünf Schriften, die die Welt der Physik revolutionierten, Rowohlt, 2001
15. A. Einstein „Grundzüge der Relativitätstheorie", 6. Auflage, Vieweg, Braunschweig, 1990
16. P.J. Nahin „Time Machines – Time Travel in Physics, Metaphysics, and Science Fiction", Springer, New York, 1999

Allgemein verständlich

17. A. Einstein, L. Infeld „Die Evolution der Physik", Rowohlt, 1962
18. https://en.wikipedia.org/wiki/Hafele–Keating_experiment
19. F.Embacher „Relativistische Korrekturen für GPS", http://homepage.univie.ac.at/franz.e
20. Internet-Links über Aussehen schnell bewegter Körper: https://www.spacetimetravel. org https://www.tempolimit-lichtgeschwindigkeit.de/ueberblick/ueberblick1.html

Biografien

21. R.W. Clark „Albert Einstein – Leben und Werk", Heyne, München,1974
22. A. Fölsing „Albert Einstein – Eine Biographie", Suhrkamp, Frankfurt a. M., 1995
23. P. Jordan „Albert Einstein", Huber, Frauenfeld, 1969
24. J. Wickert „Albert Einstein – In Selbstzeugnissen und Bilddokumenten", Rowohlt, Reinbeck, 1972